Ullstein Sachbuch

ÜBER DAS BUCH:

Der mögliche Beitrag der Kernenergie für die künftige Versorgung der Welt mit Energie wird unterschiedlich veranschlagt. Das Buch stellt die Bedeutung der Kernenergie für die Weltversorgung dar und greift die strittigen Bereiche auf, die zu den Akzeptanzproblemen geführt haben: die Sicherheit der Kernkraftwerke, ihre Entsorgung und die Gefahr des Mißbrauchs der zivilen Kernenergienutzung. Durch die kompakte Darstellung des Wesentlichen werden alle energie- und umweltpolitischen Zusammenhänge aufgezeigt, um so dem Leser die Möglichkeit zu geben, den eigenen Standpunkt zur Kernenergie zu überprüfen.

DER AUTOR:

Martin Czakainski, 1948 in Husum geboren, Diplom-Betriebswirt, Diplom-Kaufmann.
Ab 1979 im Energiebereich tätig, bis 1986 im Sozialwissenschaftlichen Forschungsinstitut der Konrad-Adenauer-Stiftung, St. Augustin; seitdem Chefredakteur der Fachzeitschrift »Energiewirtschaftliche Tagesfragen«, Düsseldorf.

Martin Czakainski

Energie für die Zukunft

Kernenergie
Bilanz und Perspektive

Ullstein Sachbuch

CIP-Titelaufnahme der Deutschen Bibliothek

Czakainski, Martin:
Energie für die Zukunft : Kernenergie – Bilanz und Perspektive / Martin Czakainski. – Orig.-Ausg. – Frankfurt/M ; Berlin : Ullstein, 1989
(Ullstein-Buch ; Nr. 34681 : Ullstein-Sachbuch)
ISBN 3-548-34681-2
NE: GT

Ullstein Sachbuch
Ullstein Buch Nr. 34681
Frankfurt/M – Berlin

Originalausgabe

Umschlagentwurf:
Hansbernd Lindemann
Abbildung: The Image Bank

Printed in Germany 1989
Satz: Jung SatzCentrum, Lahnau
Druck und Verarbeitung: Clausen & Bosse, Leck
ISBN 3 548 34681 2

November 1989

Inhalt

Vorwort

Über die Verantwortbarkeit der Kernenergie wird seit vielen Jahren international nachgedacht. Bereits Mitte der siebziger Jahre sind in einzelnen Ländern Überlegungen angestellt worden, aus den im Aufbau befindlichen Kernenergieprogrammen auszusteigen. Die Medien haben dieses Thema früh aufgegriffen und der Öffentlichkeit zur Kenntnis gebracht. Bereits lange vor dem Störfall in Harrisburg (1979) und dem Unfall in Tschernobyl (1986) war die Tendenz der Medienberichterstattung über die Kernenergie – mit wechselnden Themen – überwiegend negativ. Mitte der achtziger Jahre wurde das Thema Sicherheit von Kernkraftwerken und deren Entsorgung verstärkt aufgegriffen und in Wissenschaft, Öffentlichkeit und Politik auf breiter Basis kontrovers diskutiert.

Vor diesem Hintergrund stellt sich unverändert die offene Frage nach den Perspektiven der Kernenergie. Weltweites Wachstum des Energie- und Strombedarfs einerseits, abnehmende öffentliche Akzeptanz der Kernenergie in einzelnen Industrieländern andererseits machen belastbare Aussagen schwierig. Demgegenüber erweisen sich die globalen Rahmenbedingungen hinsichtlich der Weltenergieversorgung als ausgesprochen starr und besorgniserregend. Ursachen hierfür sind das starke Wachstum der Weltbevölkerung, die erkennbare Erschöpfung der fossilen Energieträger Erdöl und Erdgas sowie die wachsenden Sorgen um die Umwelt- und Klimarisiken.

Die Schrift stellt die Bedeutung der Energieversorgung für das Leben auf der Erde dar und versucht den Erkenntnisstand über die relevanten globalen Rahmenbedingungen sowie über die Bereiche aufzuzeigen, die im wesentlichen Ursache für die Akzeptanzprobleme der Kernenergie sind: Sicherheit der Kernkraftwerke, ihre Entsorgung und die Gefahr des Mißbrauchs der zivilen Kernenergienutzung. Die Kernenergie wird dazu in die globalen energie- und umweltpolitischen Zusammenhänge eingeordnet und hinsichtlich Kosten und Nutzen, Chancen und Risiken den Energieträgern gegenübergestellt, die sie ersetzen sollen. Durch die kompakte Darstellung der wesentlichen Fakten soll der Leser in die Lage versetzt werden, seine Meinung zur Kernenergie zu überprüfen.

Mein Dank gilt Frau S. Knapp M. A., Dr. H.-P. Butz, Dr. B. Fischer, Dipl.-Ing., Dipl.-Wirtsch.-Ing. J. Schmidt-Sibeth und Dr. U. Margedant, die mich mit konstruktiver Kritik und fundierten Hinweisen bei der Erarbeitung der komplexen Materie unterstützt haben.

Martin Czakainski

Mensch und Energie

Energie als Lebensgrundlage

ZUSAMMENFASSUNG:
Energie ist die umfassende Lebensgrundlage und damit Voraussetzung für die Existenz des Menschen auf Erden. Energiemangel auf Dauer kann sich keine hochentwikkelte Gesellschaft leisten. Historisch gesehen war die Energienutzung der ständige Kampf des Menschen mit dem Mangel. Vor rund 100 Jahren hat mit den großen energietechnischen Innovationen das Zeitalter der modernen Industriegesellschaft begonnen. Der technische Fortschritt und das Wachstum der Volkswirtschaften, aber auch die gesteigerte Lebensqualität der Menschen sind untrennbar mit einer geregelten Energieversorgung verknüpft. Die friedliche Nutzung der Kernenergie leitete eine neue Epoche der Energiegeschichte ein, über deren Ausgestaltung bis heute gestritten wird und in der die Kernenergie ein Kristallisationspunkt ist.

Die Auseinandersetzung des Menschen mit der Natur, um überleben, aber auch gut leben zu können, war von jeher eine Frage möglicher Nutzung von Energie. Für Energie gibt es keinen Ersatz, sie ist die umfassende Lebensgrundlage und wesentliche Voraussetzung für menschliche Tätigkeit auf der Erde, unabhängig vom geographischen Standort, vom ökonomischen System oder von den politischen Kräften, die das menschliche Handeln bestimmen. Energie benötigen alle Bereiche einer Gesellschaft. Ein Mindestmaß an Energieeinsatz ist erforderlich, um das Überleben überhaupt sichern zu können. Der darüber hinausgehende Mehrbedarf eröffnet erst die Möglichkeit, weitere Bedürfnisse zu befriedigen. Eine gesicherte Versorgung mit Energie ist daher für jeden Staat von grundlegendem Interesse.
Der Mensch setzt Energie ein, um die Bedingungen seines Lebens zu erleichtern, die Lebensqualität zu steigern. Dabei greift er in die natürliche Umwelt ein. Er mindert knappe Ressourcen und verbraucht große Men-

gen an Material und Fläche. Insbesondere die Menschen in den Industrieländern sind vom Energieeinsatz abhängig geworden, der erst zur enormen Steigerung der technischen Möglichkeiten geführt hat. Was für uns Lebensqualität ausmacht, beinhaltet in einem beträchtlichen Maße die Anwendung von Energie in vielfältigen Bereichen. Gleichzeitig nimmt in zahlreichen Entwicklungsländern der Mangel an bezahlbarer, leicht handhabbarer Energie zum Teil drastische Formen an, verursacht Armut, Hunger, verringert die Lebenserwartung und ist mitverantwortlich für Waldrodung, Bodenerosion und Ausbreitung von Wüsten.

Energie ist definiert als Fähigkeit, Arbeit zu leisten. Im wesentlichen benötigen wir Energie für vier Nutzungsgebiete: Produktion und Transport von Gütern und Nahrungsmitteln, Transport von Menschen, Unterstützung von Dienstleistungen und Deckung von persönlichen Bedürfnissen.

Dabei wird thermische Energie in Form von Hoch- und Niedertemperaturwärme bzw. Kälte, mechanische oder kinetische Energie zum Antrieb, Strahlungsenergie in Form von Licht und elektromagnetischen Wellen und chemische Energie verwendet. Letztlich geht es bei der Versorgung mit Energie immer darum, eine Dienstleistung bereitzustellen, wie z. B. ein fahrbereites Auto, einen temperierten Raum oder einen beleuchteten Arbeitsplatz.

Damit solche Dienste erbracht werden können, müssen die natürlichen Primärenergien Stein- und Braunkohle, Erdöl, Erdgas, Uran und die regenerativen Energiepotentiale, wie Wasser- und Windkraft oder Solarstrahlung, in Kraftwerken und Raffinerien zu Sekundärenergie umgewandelt werden. Durch diese Umwandlungsprozesse entstehen u. a. elektrische Energie (auch als Elektrizität bzw. Strom bezeichnet), Benzin oder Fernwärme. Die Energie wird dann zum Ort des Verbrauchs transportiert und steht als Endenergie beispielsweise in Form von Heizöl oder von Benzin im Autotank zur Verfügung. Von den Verbrauchern hängt es letztlich ab, wie effizient die Nutzenergie Wärme, Licht und Kraft eingesetzt wird. Dabei ist es aus physikalischen Gründen nicht

Bild 1: Prinzip-Energieflußbild der Bundesrepublik Deutschland

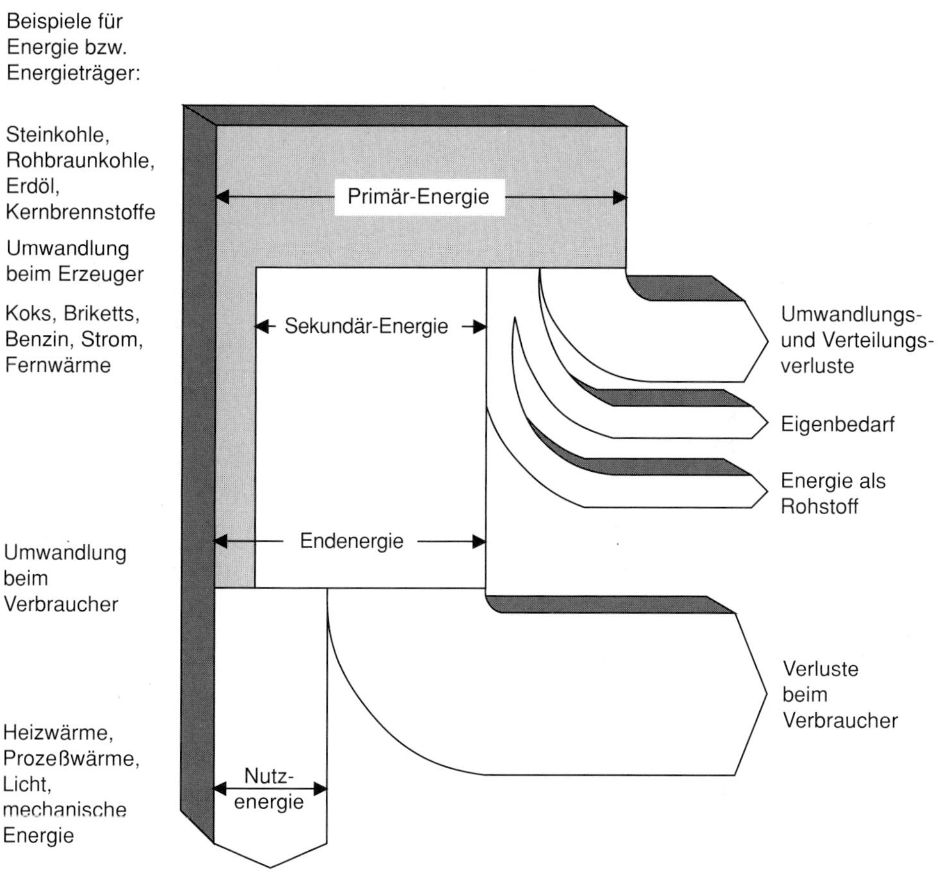

zu vermeiden, daß bei jedem der Umwandlungsschritte Verluste entstehen (vgl. Bild 1).

Historisch gesehen ist die Energienutzung der ständige Kampf des Menschen mit dem Mangel. Dieses verdeutlicht ein kurzer Blick in die Vergangenheit. Die Geschichte der Energienutzung ist die lange Geschichte von Wind und Wasser, Holz und Kohle, die relativ kurze Geschichte von Öl und Gas, die noch ungewisse der Kernenergie und die unbekannte unserer energiewirtschaftlichen Zukunft.

Die Mengen und Arten der Energie, die dem Menschen zur Verfügung standen, haben seine Lebensweise und seine Leistungen seit jeher entscheidend geprägt. Noch vor wenigen Generationen waren die Menschen besessen von der Suche nach Wärme, Kraft und Nahrung. Man erforschte immer neue Möglichkeiten, Personen, Waren und Nachrichten schneller zu transportieren. Allgemein war das Leben beeinflußt von permanentem Energiemangel. So berichtete Liselotte von der Pfalz in ihren drastischen Briefen vom Leben am Hof in Versailles, wie »eines Winterabends der Rotwein in den Gläsern gefror, und auch die Gegenwart des Sonnenkönigs das Eis nicht schmelzen lassen konnte«. Die Patrizier, die heute unsere großen DM-Geldscheine schmücken, trugen ihre schweren Pelzmäntel nicht nur als Sinnbild von Reichtum und Macht, sondern auch als Ausdruck ihrer Möglichkeiten, der Kälte trotzen und überleben zu können.
Bis weit in das 19. Jahrhundert bestimmten Kälte und Dunkelheit, Hunger und der ständige Kampf mit den Unbilden der Natur das Leben weiter Bevölkerungsschichten. Der Arbeitstag war abhängig vom Tageslicht. Im Sommer arbeitete man viel, denn im Winter galt es, die Kräfte zu schonen. Wärme und Licht waren Luxusartikel, die sich nur wenige Reiche leisten konnten. Die beschränkt verfügbare Energie diktierte Lebensform und Lebensrhythmus. Heirat und Empfängnis, Geburt und Tod folgten der Natur, die dem Menschen das Lebensnotwendige sehr unterschiedlich schenkte. Die Bevölkerung entwickelte sich über Jahrhunderte nur im Rahmen der von der Umwelt gezogenen Grenzen. In Deutschland betrug die Bevölkerungsdichte durchschnittlich etwa 25 Personen pro qkm; Kriege, Seuchen und Hungersnöte wirkten sich katastrophal aus (vgl. Bild 2).
Im Hoch-Mittelalter eröffnete nicht zuletzt die Wiederentdeckung der (römischen) Wassermühle den europäischen Städten eine lange Phase wirtschaftlicher Blüte. Mit dem Aufkommen der Windmühle änderten sich die wirtschaftlichen und sozialen Strukturen der Küstenländer. Zwischen Seine, Themse und Elbe entstand eine Region vergleichbar bescheidenen Wohlstandes. Es sollten

Bild 2: Wachstum der Bevölkerung Deutschlands (in Grenzen von 1937)

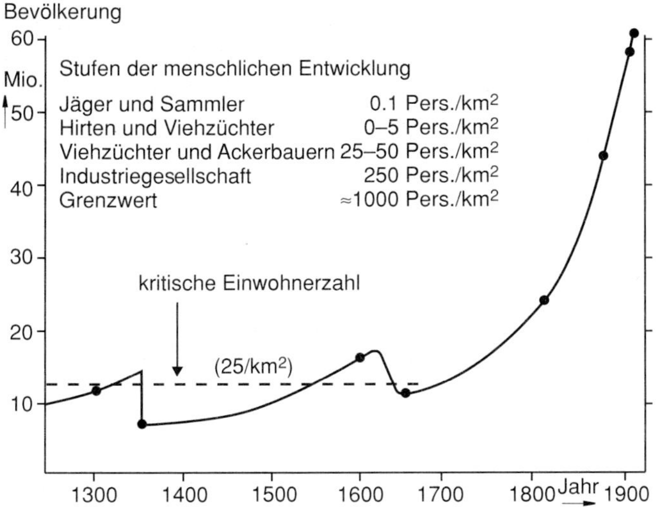

Aus: I.F. Cordes, Industrie und Umwelt. Der chemische Unterricht 7/(76) Nr. 1, Stuttgart, entnommen aus: Penczynski, Peter, Energie – Voraussetzung für wirtschaftliche und soziale Entwicklung, in: eta, 38 (1988) Januar, S. A 23

jedoch noch Jahrhunderte bis zur Erfindung der großen energietechnischen Innovationen vergehen.

Die Nutzung neuer Energiequellen veränderte die Welt, als im letzten Viertel des 18. Jahrhunderts James Watt die Dampfmaschine entscheidend verbesserte. Mit der Industrialisierung wandelte sich die Gesellschaft in den europäischen Staaten tiefgreifend. Verbesserte Landbaumethoden, der Einsatz von Kunstdünger in der Landwirtschaft und die Mechanisierung bildeten wichtige Voraussetzungen für ein starkes Bevölkerungswachstum. Die dadurch freigesetzten Arbeitskräfte fanden in der arbeitsteiligen Industrie neue Arbeitsplätze an Maschinen, bei der Eisenbahn, im Bergbau oder in den Häfen. Technische Voraussetzung für diesen Prozeß, der in Deutschland nach 1850 verstärkt einsetzte, war die Bereitstellung von Energie zur Erzeugung von Wärme, Licht und Kraft.

Um die Jahrhundertwende bildete Kohle die wesentliche Energiequelle in allen Industrieländern. Das Öl, das Colonel Drake 1859 in Pennsylvanien erstmals förderte, diente noch hauptsächlich als Lichtquelle für Lampen. Die Nutzung der Wasserkraft eröffnete neue Möglichkeiten, als gegen Ende des 19. Jahrhunderts eine Turbine eingeführt wurde, die mit einem Stromgenerator verbunden war. Im gleichen Zeitraum wurden grundlegende Entdeckungen für die Kernenergie gemacht. Becquerel beobachtete 1896 die »Atomkraft« in Uransalzen, und bereits zwei Jahre später entdeckten Marie und Pierre Curie das Radium, das trotz geringen Gewichts große Mengen an Energie freisetzte und diese ohne sichtbaren Anreiz fortlaufend abgab.
Letztlich brachte die Zeit nach dem Zweiten Weltkrieg die unsere Zeit prägenden energietechnischen Innovationen hervor. Die Technik entwickelte sich damals mit sehr hoher Geschwindigkeit, wenn man bedenkt, daß zu Beginn des Zweiten Weltkrieges Kavalleriesäbel noch Bedeutung hatten, an seinem Ende aber die Städte Hiroshima und Nagasaki im nuklearen Feuer versanken.
Nicht mehr fern war dann der Beginn einer Epoche der Energienutzung, über deren Ausgestaltung bis heute gestritten wird und in deren Zentrum die Kernenergie steht. Bereits Mitte der fünfziger Jahre begann man in der Bundesrepublik Deutschland mit der Reaktorforschung, um eine eigene Kernenergiewirtschaft aufzubauen. 1975 nahm in Biblis erstmals ein Reaktor mit über 1 000 MW Leistung seinen kommerziellen Betrieb auf. Ende der achtziger Jahre deckt diese Energiequelle bereits mehr als ein Drittel unserer Stromversorgung ab.

Elektrische Energie als sozialer Faktor

ZUSAMMENFASSUNG:
Die elektrische Energie hat gegenüber anderen Endenergien Vorteile bei Umwandlung und Anwendung, die zahlreiche wirtschafts- und gesellschaftspolitische Nutzeffekte erbracht haben. Durch die Elektrifizierung wurde der gesellschaftliche Fortschritt unterstützt und die Voraussetzung zu einer Humanisierung der Arbeits-

plätze im gewerblichen Bereich und in den Haushalten geschaffen. Zudem ermöglichte der Strom weiten Teilen der Gesellschaft Zugang zu völlig neuartigen Dienstleistungen.

Es war eine lange Entwicklung von den Energiequellen Holz, Wind- und Wasserkraft, die in sehr einfacher Form über Jahrhunderte zum Heizen und zum Antrieb primitiver mechanischer Geräte verwendet wurden, bis zur flächendeckenden Versorgung mit elektrischer Energie. Dieser relativ junge Energieträger erschloß sich vor rund 100 Jahren breite Anwendungsfelder und wurde rasch in nahezu allen Lebens- und Produktionsbereichen unentbehrlich. Elektrizität wurde gleichsam zum Kennzeichen des Fortschritts.

Vielfältige technische Vorteile zeichnen den Strom im Vergleich zu anderen Endenergien aus. Der Verbraucher kann die Elektrizität für seine Energiedienste in nahezu beliebig wählbarer Menge jederzeit anfordern und einsetzen. Eine Vorratshaltung ist nicht erforderlich. Strom wird im jeweiligen Versorgungsgebiet dezentral verteilt, er ist eine feuerfreie Energie, die sich in alle Energiedienste bzw. Energieformen umwandeln läßt.

Die Vorteile der Stromanwendung und ihre zunehmende Inanspruchnahme durch Industrie und Gewerbe, Handel und Dienstleistungsbetriebe sowie durch die privaten Haushalte haben zahlreiche wirtschafts- und gesellschaftspolitische Nutzeffekte erbracht.

– Strom hat in umfangreichem Maße Muskelkraft ersetzt und zu einer Humanisierung der Arbeitsplätze im gewerblichen Bereich und in den Haushalten beigetragen.

– Über die Stromanwendung wurde der gesamtwirtschaftliche Produktionsapparat umfassend rationalisiert.

– Die früher nur wenigen als Luxus zugänglichen Energiedienste konnten über die elektrische Energie breiten Bevölkerungsschichten erschlossen werden.

– Über den Strom konnten und können auch heute noch der Gesellschaft völlig neuartige Dienstleistungen ange-

boten werden (Radio, TV, Telefon, Btx, Computer u. a.).
Gemessen am Arbeitsalltag einer Hausfrau in früheren Zeiten bedeutete die Erfindung der elektrischen Waschmaschine wohl eine der wichtigsten Errungenschaften, denn sie erleichterte eine Tätigkeit, für die bei einem vierköpfigen Haushalt pro Monat mindestens zwei harte Arbeitstage zu veranschlagen waren. Vor allem aber im gewerblichen Bereich hat der Elektromotor einen wesentlichen Beitrag zur Humanisierung der Arbeitswelt geleistet, denn der vormals allein als »Kraftmaschine« eingesetzte Arbeiter konnte Zug um Zug durch exakt steuerbare Elektromotoren entlastet werden. Dadurch wurde der physische Aufwand, den der arbeitende Mensch erbringen mußte, drastisch reduziert. Der elektrische Antrieb verbessert also auch am Arbeitsplatz die Lebensqualität.
Die Bedeutung der elektrischen Energie wird weiter wachsen, denn Strom kann alle Energieträger substituieren und jede gewünschte Energieform (Wärme, Kälte, Antriebsenergie) hervorbringen. Elektrische Energie ermöglicht mit bestimmten Techniken (z. B. Messen, Steuern, Regeln, Automatisieren) auch den rationellen Einsatz anderer Energieträger, sie kann auch als Hilfsenergie zur Erschließung von Umgebungswärme, Solar- und Windenergie dienen, die sonst keine Verwendung finden könnten. Strom kann Innovationen stimulieren, da seine physikalischen Möglichkeiten immer wieder neue Anwendungsgebiete erschließen wie die Mikroelektronik oder die Prozeßablaufsteuerung.
Unter dem Gesichtspunkt des Umweltschutzes weist die Stromerzeugung aus fossil gefeuerten Großkraftwerken offenkundig Vorteile auf, denn der Schadstoffausstoß läßt sich durch technische Anlagen bei Großkraftwerken wirtschaftlich reduzieren und relativ gut überwachen. Zudem wird Strom auch »feuerlos« auf Basis von Kernenergie, Wasserkraft, Wind oder Sonnenenergie erzeugt. Elektrizität ist auch die Voraussetzung dafür, Energie und Rohstoffe großtechnisch im Kreislauf zu halten, also Recycling zu betreiben.

Globale Energievorräte

ZUSAMMENFASSUNG:
Die Vorräte an fossilen Brennstoffen sind begrenzt. Die globalen Reserven reichen nach dem gegenwärtigen Stand bei statistischer Betrachtung rund 30 Jahre beim Erdöl, rund 50 Jahre beim Erdgas und über 100 Jahre bei der Kohle. Die Vorratslager sind jedoch auf relativ wenige Länder konzentriert, so daß auf absehbare Zeit etwa zwei Drittel aller Staaten Energie importieren müssen. Ohne die Brüter-Technologie reichen auch die Kernbrennstoffe nur einige Jahrzehnte. Das Potential der regenerativen Energieträger ist sehr groß. Es im vollem Umfang zu nutzen, scheitert derzeit daran, daß nur ein Bruchteil davon technisch und zu wirtschaftlich vertretbaren Preisen erschlossen werden kann.

Stellt man ein Inventar der globalen Energievorräte auf, so sollte man zwischen Ressourcen und Reserven unterscheiden. Unter Ressourcen versteht man die vermutete Gesamtmenge aller Vorräte und unter Reserven den Teil der Vorräte, der mit den gegenwärtigen Gewinnungsmethoden zu wirtschaftlichen Bedingungen nutzbar gemacht werden kann. Vom zukünftigen Niveau der Energiepreise wird es abhängen, ob und wann z. B. die »Ressource Ölschiefer«, deren Nutzung derzeit sehr kostspielig ist, eine wirtschaftlich förderbare Reserve wird. Dem Energiepreis kommt also eine dynamische Funktion bei der Erschließung von Energievorräten zu.
Die globalen Energievorräte lassen sich unterscheiden in fossile Vorräte, zu denen Erdöl, Kohle und Erdgas zählen, und Uran sowie die regenerativen Energieträger (vgl. Tab. 1).
Betrachtet man die fossilen Reserven statisch (bezogen auf einen Stichtag) im Vergleich zu den jährlichen Fördermengen, dann haben die Ölreserven eine Reichweite von etwa 30 Jahren, die Reserven des Erdgases von etwa 50 und die von Stein- und Braunkohle von einigen 100 Jahren. Hierbei ist jedoch zu berücksichtigen, daß große Teile der Erdoberfläche noch nicht systematisch nach Energieträgern erforscht worden sind. Mit steigenden Energiepreisen und technischem Fortschritt bei den Energiegewinnungs- und Umwandlungsverfahren (z. B.

Tabelle 1: Globale Ressourcen und Reserven an fossilen Brennstoffen (in Mrd. t SKE)

	Ressourcen	Reserven
Öl	496	121
Ölsand und -schiefer	715	–
Erdgas	218	129
Steinkohle	6 161	775
Braunkohle	3 839	286
	11 211	1 311

(Aus Gründen der Übersichtlichkeit wurden Rundungen vorgenommen.)

Aus: Weltenergiekonferenz, Survey of Energy Ressources 1980, Oil and Gas Journal v. 28. 10. 87. Jahresbericht 1987 des BGW, Bonn

Einsatz von Hochtemperaturreaktoren zur besseren Ausschöpfung von Öllagerstätten, zur Kohleveredelung etc.) können außerdem gegenwärtige Ressourcen zu Reserven und damit wirtschaftlich förderbar werden.
Das globale Potential der Kernenergie auf Basis der bekannten Uranvorräte (vgl. Tab. 2) muß differenzierter betrachtet werden. Vergleicht man dieses Potential mit dem globalen Energieverbrauch (ohne traditionelle Energieträger wie Brennholz, Dung u. a.) für das Jahr 1987 von rund 11,3 Milliarden Tonnen Steinkohleein-

Tabelle 2: Globales Potential der Kernenergie (in Mrd. t SKE)

Ohne Wiederaufarbeitung	50
mit Wiederaufarbeitung	70
Mit Brüter-Technologie bis zu	8 000

Basis: Uranvorräte, dazu Thoriumvorräte in der gleichen Größenordnung.

Eigene Berechnungen

Tabelle 3: Jährliches globales Potential an regenerativen Energieträgern (in Mrd. t SKE)

Konventionelle Systeme		
Biomasse	5,0	
Wasserkraft	1,5	
Neue Systeme		
Solare Prozeßwärme	1,0	
Windenergie	1,0	
Erdwärme	1,0	
Meeresenergie	0,5	
	10,0	pro Jahr

Eigene Berechnungen auf der Basis von Daten der Weltenergiekonferenz, Survey of Energy Ressources 1980

heiten (Mrd. t SKE), dann wird deutlich, daß die Kernenergie ohne Brüter-Technologie nur eine Reichweite von einigen Jahrzehnten hat. Erst mit dieser Technologie, die sich den neuen Brennstoff selber »erbrüten« kann, wird sie zu einer Energiequelle von sehr großer Reichweite.

Bei den regenerativen Energieträgern ist eine andere Betrachtungsweise angebracht. Da sie sich fortlaufend erneuern, ist die entscheidende Größe das jährlich nachwachsende bzw. dargebotene Energiepotential. Theoretisch wäre es zwar möglich, mit dem Potential der regenerativen Energieträger weit mehr als den derzeitigen Weltenergiebedarf zu decken, aber die klimatischen Bedingungen, die Verfügbarkeiten und die Kosten der jeweiligen Energieumwandlungssysteme für Solarstrahlung, Windenergie u. a. führen dazu, daß heute und auf absehbare Zeit nur ein Bruchteil des Potentials zu wirtschaftlich vertretbaren Preisen erschlossen werden kann (vgl. Tab. 3).

Die wesentlichen Energievorräte an Kohle, Erdöl und Erdgas sind auf wenige Länder konzentriert, so daß globale Energiepotentiale nur theoretische Rechengrößen sind, denn Voraussetzung für ein globales Versorgungsdenken wäre eine friedliche Welt, in der nationales Vorratsdenken und sicherheitspolitische Überlegungen nicht im Vordergrund stünden. Die geographische Streuung der Energie-Lagerstätten bevorzugt jedoch einzelne wenige Länder. So liegen über 90 Prozent der Kohlevorräte in einigen westlichen und östlichen Industriestaaten (u. a. USA, Kanada, UdSSR, Bundesrepublik Deutschland). Über 80 Prozent der nachgewiesenen Ölreserven befinden sich hingegen in OPEC-Ländern.

Dies bedeutet, daß etwa 100 Entwicklungsländer und die Mehrzahl der westlichen und östlichen Industrieländer auf absehbare Zeit auf Ölimporte angewiesen bleiben. Mittelfristig ist deshalb ein Wiedererstarken der OPEC sehr wahrscheinlich. Gegenwärtig erzeugen ihre Mitgliedsländer nicht mehr als 40 Prozent der Weltförderung. Demgegenüber verfügen die Golfländer innerhalb der OPEC über 83 Prozent der Ölreserven. Sie sind derzeit jedoch nur zu 25 Prozent an der Weltölproduktion beteiligt. Es ist offenkundig, daß die wenigen ölexportierenden Länder, die nicht zur OPEC gehören, ihre Ölreserven mit hoher Geschwindigkeit abbauen, während besonders die Golfländer ihre Reserven – wenn auch unfreiwillig – zurückhalten.

Das führt dazu, daß die Reichweite der Ölreserven für Kuwait bei gleichbleibender Förderung 260 Jahre, für die Vereinigten Arabischen Emirate 150 und für Saudi-Arabien 110 Jahre beträgt. Im Gegensatz dazu verfügen die USA und Großbritannien, aber auch die Sowjetunion nur noch über Ölreserven für etwas mehr als ein Jahrzehnt.

Energievorräte der Bundesrepublik Deutschland

ZUSAMMENFASSUNG:
Die Bundesrepublik Deutschland verfügt über wenig Öl- und Uranvorräte, jedoch über einige Erdgaslagerstätten. Die heimischen Stein- und Braunkohlevorräte sind dagegen sehr umfangreich, allerdings kann die Nutzung der relativ teuren heimischen Steinkohlevorräte auf absehbare Zeit nur durch Subventionen sichergestellt werden. Das ausschöpfbare Potential an regenerativen Energieträgern wird bis zum Jahre 2000 als gering veranschlagt.

Tabelle 4: Ressourcen und Reserven an fossilen Energieträgern und Uran in der Bundesrepublik Deutschland

	Reserven (Stand 1986) wirtschaftlich gewinnbarer Vorräte	Reichweite bei 86er Förderung in Jahren
Steinkohle Braunkohle	34 Mrd. SKE	rd. 300
Öl	0,056 Mrd. t[1)]	15[1)]
Erdgas	266 Mrd. m^3[1)]	15[1)]
Uran	850 t (Kostenklasse bis 80 $/kgU)	keine Inlandsförderung

[1)]Ende 1987

Aus: BMWI: Daten zur Entwicklung, Bonn 1987, W. E. G. Wirtschaftsverband Erdöl- und Erdgasgewinnung e. V., Hannover, Pressemitteilung 3/88 Deutsche Shell AG, Pressemitteilung vom 28. 04. 1988, Bergbau-Jahrbuch 1987/88

In den internationalen Rohstoffstatistiken erscheint die Bundesrepublik als ein rohstoffarmes Land. Dies trifft mit Ausnahme der Kohle auch für die Energievorräte zu. Die heimischen Ölvorräte werden selbst beim derzeitigen niedrigen Förderniveau nur noch für einige Jahre reichen. Günstiger ist die Situation beim Erdgas. Die Erdgaswirtschaft geht davon aus, daß neben den derzeitigen 266 Mrd. m^3 weitere Reserven in der Größenordnung von rund 250 Mrd. m^3 als wirtschaftlich erreichbares Potential erschlossen werden können (vgl. Tab. 4).
Die Bundesrepublik verfügt nur über geringe Uranressourcen. In der Kostenklasse bis zu 80 $/kg Uran (U) belaufen sich die Reserven auf 850 t U (vgl. Tab. 4). In den höheren Kostenklassen von 80–130 $/kg U werden die Ressourcen auf 4 200–6 900 t U veranschlagt. Die deutschen Uranvorkommen, die sich im Oberpfälzer Wald, im Fichtelgebirge sowie im Schwarzwald (Menzen-

schwand) befinden, werden gegenwärtig industriell nicht abgebaut.
Sehr umfangreich sind die heimischen Vorräte an Stein- und Braunkohle, wobei man derzeit davon ausgeht, daß bei der Steinkohle rund 6 Mrd. t, bei der Braunkohle rund 10 Mrd. t zu den für den Bergbau ohne weitere Exploration erreichbaren Reserven zählen. Die inländischen Kohlevorräte haben damit eine Reichweite von 80–100 Jahren. Während die heimische Braunkohle ein relativ preiswerter Brennstoff ist, der überwiegend in Grundlastkraftwerken in der Nähe der Braunkohle-Ta-

Tabelle 5: Ausschöpfbare Potentiale erneuerbarer Energiequellen in der Bundesrepublik Deutschland im Jahr 2000

Technologie	Potential (in Mill. t SKE) Ungünstige Variante		Günstige Variante	
• Solarenergie, gesamt		1,55		2,58
– Niedertemperatur (aktiv)	0,85		1,48	
– Niedertemperatur (passiv)	0,70		1,00	
– Mittel- und Hochtemperatur	–		–	
– Photovoltaik	–		0,10	
• Wärmepumpen, gesamt		0,53		5,95
– Elektromotor-Wp	0,47		1,96	
– Gas-/Dieselmotor-Wp	0,06		3,45	
– Gasabsorptions-Wp	–		0,54	
• Windenergie		1,27		1,85
• Wasserkraft		7,03		7,44
• Biomasse/Müll		5,00		6,20
• Geothermie		–		–
• Meeresenergie		–		–
• Wasserstoff		–		–
Insgesamt		15,38		24,02

Aus: DIW/ISI-Studie, in: Gutermuth, P.-G., Hlawiczka, H.: Regenerative Energiequellen – Status und Potential in der Bundesrepublik Deutschland, in: et 1/88, Seite 12

gebaue zur Stromerzeugung eingesetzt wird, ist die deutsche Steinkohle im internationalen Vergleich sehr teuer: 1988 betrug der Durchschnittspreis für heimische Kraftwerkskohle 258 DM/t, während der für Importkohle in den letzten Jahren kontinuierlich auf nunmehr 83 DM/t gesunken ist. Die weitere Nutzung der deutschen Steinkohle kann somit nur durch Subventionen sichergestellt werden.
In verschiedenen Untersuchungen ist in den vergangenen Jahren das Potential der regenerativen Energiequellen in der Bundesrepublik ermittelt worden. Die bekannte DIW/ISI-Studie hat als jährliches ausschöpfbares Potential für das Jahr 2000 den Bereich von 15–24 Mio. t/SKE ermittelt (vgl. Tab. 5). Bezogen auf den Verbrauch an Primärenergie im Jahre 1987 wären das 4–6 Prozent. Da aus regenerativen Energiequellen heute bereits 9 Mio. t SKE/a hauptsächlich in Form von Wasserkraft bereitgestellt werden, beträgt somit das zusätzlich ausschöpfbare Potential bis zum Jahr 2000 nur 6–15 Mio. t SKE.

Globale Energieversorgung

ZUSAMMENFASSUNG:
Die Weltenergiewirtschaft hat sich nach den Ölpreisschüben der siebziger Jahre grundlegend gewandelt. Obwohl das Mineralöl an Bedeutung verloren hat, wird es auf absehbare Zeit der wichtigste Energieträger bleiben. Drei Viertel der rund 120 Entwicklungsländer und die meisten Industrieländer werden auf absehbare Zeit von Ölimporten abhängig bleiben. Entsprechend ihrem wachsenden Bedarf haben die Entwicklungsländer hohe Zuwachsraten beim Primärenergieverbrauch. In vielen Ländern der Dritten Welt haben die traditionellen Energieträger noch immer sehr große Bedeutung. Für die elektrische Energie wird erwartet, daß ihre Bedeutung in Industrie- und Entwicklungsländern weiter zunehmen wird, wobei für die westlichen Industrieländer geringe, für die COMECON-Länder mittlere und für die Entwicklungsländer sehr hohe Stromverbrauchzuwachsraten erwartet werden.

Tabelle 6: Entwicklung des Weltenergieverbrauchs seit 1960

	1960	1973	1979	1987
In Mio. t SKE insgesamt	4368	8467	9914	11.250
Davon in %				
Öl	33,2	47,2	45,0	37,6
Erdgas	13,6	18,3	18,3	19,9
Kohle	50,7	28,2	28,5	30,6
Wasserkraft	2,5	5,5	6,0	6,7
Kernenergie	–	0,8	2,2	5,2
Insgesamt	100	100	100	100

Aus: Michaelis, Hans: Handbuch der Kernenergie,
Düsseldorf/Wien 1986, Seite 128
Esso AG: Öldorado Statistik 1988

Die Weltenergiewirtschaft hat sich in ihren Strukturen in den letzten drei Jahrzehnten besonders durch die beiden Ölpreisschübe der siebziger Jahre grundlegend gewandelt. Die aktuelle Situation ist durch folgende Merkmale geprägt:

(1) Beim weltweiten Verbrauch an Primärenergie besitzt das Erdöl einen Anteil von knapp 38 Prozent. Dies bedeutet, daß der Energieträger mit der geringsten Reichweite seiner Reserven nach wie vor dominiert. Die Kohle mit rund 31 Prozent, Gas mit knapp 20 Prozent und andere Primärenergiequellen (insb. Wasserkraft und Kernenergie) mit rund 12 Prozent deckten 1987 den weiteren Bedarf (vgl. Tab. 6).

(2) In den westlichen und östlichen Industrieländern lebt rund ein Viertel der Weltbevölkerung, die aber etwa 80 Prozent der Primärenergie verbrauchen. Entsprechend hoch sind die Unterschiede im Pro-Kopf-Verbrauch zwischen Industrie- und Entwicklungsländern: Er ist in Westeuropa etwa zehnmal, in Nordamerika sogar etwa zwanzigmal so hoch wie in den Entwicklungsländern in Afrika und Asien.

(3) Die westlichen Industrieländer insgesamt müssen

rund 25 Prozent ihres Verbrauchs an Primärenergie importieren. Die Importabhängigkeit beträgt gegenwärtig in den USA knapp 10 Prozent, in Westeuropa insgesamt rund 40 Prozent, in der Bundesrepublik Deutschland sogar 67 Prozent (1987) und in Japan über 90 Prozent. Drei Viertel der rund 120 Entwicklungsländer sind zum Teil in hohem Grade vom Erdöl importabhängig.
Ein Rückblick auf den Energieverbrauch (vgl. Tab. 6, S. 24) zeigt, daß sich weltweit der jährliche Primärenergieverbrauch seit 1960 mehr als verdoppelt hat. Allerdings sind die Zuwachsraten in den letzten Jahren geringer geworden: Während sie vor 1973 über 5 Prozent lagen, sind sie bis Mitte der achtziger Jahre auf rund 1 Prozent abgesunken. Dies ist auf die Energieeinsparungen in den westlichen Industrieländern, aber auch auf den Rückgang der Wirtschaftstätigkeit zurückzuführen. Für 1988 wird das Wachstum des globalen Primärenergieverbrauchs allerdings wieder auf knapp 4 % veranschlagt.
Dabei hat sich auch die regionale Verteilung verändert: Der Anteil der Entwicklungsländer ist von unter 10 Prozent (1960) auf knapp 20 Prozent (1986) angestiegen. Dies drückt sich auch deutlich in den jährlichen Zuwachsraten des Primärenergieverbrauchs dieser Länder aus, der zwischen 1979 und 1986 bei über 3 Prozent lag, während er im gleichen Zeitraum in den Industrieländern aufgrund der Energieeinsparungen um rund 1 Prozent abnahm.
Die kommerziell genutzten Energieträger, die wie z. B. Kohle, Öl, Gas und Uran planmäßig produziert und gehandelt werden, decken z. Z. nur etwas mehr als die Hälfte des Energiebedarfs der Entwicklungsländer. Etwa 25 bis 50 Prozent des Bedarfs werden nach Schätzungen der Weltbank mit Brennholz, Dung, tierischer Zugkraft und menschlicher Arbeitskraft, also traditionellen Energieträgern, gedeckt. Jedoch ist das verfügbare Brennholz in zahlreichen Entwicklungsländern derart knapp geworden, daß es »kommerzialisiert« oder, soweit möglich, durch kommerzielle Energieträger, nämlich Petroleum, Kohle u. a. ersetzt wurde.
In vielen Entwicklungsländern haben die sog. traditionellen Energieträger Brennholz sowie pflanzliche und

tierische Abfälle ein wesentlich größeres Gewicht, als es die Durchschnittswerte und die nur lückenhaft vorhandenen Statistiken ausdrücken können. In Brasilien, Indien, Marokko, den Philippinen und zwölf anderen Ländern liegt der Anteil der traditionellen Energieträger über 40 Prozent. In etwa 30 Entwicklungsländern dominiert er mit über 80 Prozent in der Energieversorgung.
Bezeichnend ist auch, daß zwischen dem Pro-Kopf-Verbrauch an traditionellen Energieträgern und dem Pro-Kopf-Einkommen in den Entwicklungsländern ein enger Zusammenhang besteht. Nach Schätzungen entfällt in Mali ein Drittel eines durchschnittlichen Arbeitereinkommens in den Städten auf den Brennholzkauf. In den Stadtgebieten anderer Entwicklungsländer errechnete man, daß die ärmeren Bevölkerungsschichten durchschnittlich 20 Prozent ihres Einkommens für Mineralölprodukte zum Kochen und zu Beleuchtungszwecken aufwenden mußten.
Trotz des derzeit entspannten Weltenergiemarktes sprechen alle Anzeichen dafür, daß sich mittelfristig die Energieversorgungslage für viele hundert Millionen Menschen in der Dritten Welt noch weiter verschlechtern wird. Die Ursache liegt in der hohen Importabhängigkeit: 64 Länder decken ihren kommerziellen Primärenergiebedarf zu mindestens 80 Prozent, weitere 45 Länder zu über 90 Prozent durch Ölimporte.
Auch die animative Energie (tierische Muskelkraft und menschliche Arbeitskraft) hat in den Entwicklungsländern immer noch große Bedeutung. Ihr Energiepotential ist jedoch statistisch kaum zu erfassen. Die Bedeutung der animativen Energie für einzelne Länder wird am Beispiel Indiens deutlich, wo die Arbeitsleistung der gegenwärtig eingesetzten Tiere etwa der installierten indischen Kraftwerkkapazität von 30 000 MW entspricht.
Für die Entwicklungsländer insgesamt läßt sich folgende Energiebilanz ziehen: 1987 betrug ihr Anteil am kommerziellen Energieverbrauch der Welt (rund 11 250 Mio. t SKE) 2 200 Mio. t SKE, also knapp 20 Prozent. Nimmt man den Zuschlag für den Einsatz traditioneller Energieträger mit etwa 40 Prozent an, dann belief sich der Gesamtenergieverbrauch der Dritten Welt 1987 auf über

3 000 Mio. t SKE. Verteilt auf die 3,7 Mrd. Menschen (1987) in der Dritten Welt ergibt dies einen Pro-Kopf-Verbrauch von knapp 1 t SKE. Ohne die traditionellen Energieträger sinkt er auf rund 0,6 t SKE. Im Vergleich dazu verbraucht jeder Bewohner der Bundesrepublik mehr als das Zehnfache an Energie.

Die elektrische Energie dürfte zukünftig weltweit wachsende Bedeutung erlangen. Von 1960 bis heute hat sich die Stromerzeugung weltweit nahezu verdreifacht. Derzeit werden rund ein Viertel der Primärenergie in Elektrizität umgewandelt. Bis zum Jahre 2020 dürfte der Anteil auf 40 Prozent ansteigen.

Die OECD erwartet, daß in ihren Mitgliedsländern der Elektrizitätsverbrauch bis zum Jahre 2000 um durchschnittlich 2,5 Prozent pro Jahr wachsen wird. Für die Bundesrepublik rechnet man mit einem mittleren Zuwachs von einem halben Prozent bis 1,5 Prozent.

Im COMECON hat die elektrische Energie ebenfalls eine expansive Entwicklung genommen. Für die gegenwärtige Planperiode ist ein jährlicher Zuwachs der Stromproduktion um 4 bis 5 Prozent vorgesehen.

In den Schwellen- und Entwicklungsländern ist der Stromerzeugungsanteil am Gesamtenergieaufkommen nur geringfügig niedriger als in den Industrieländern. Der Stromverbrauch beträgt in den westlichen Industrieländern durchschnittlich rund 5 000 kWh je Einwohner und Jahr. In den Ländern der Dritten Welt herrscht Strommangel. Dementsprechend liegt der Stromverbrauch dort zwischen 100 und 1 000 kWh je Einwohner und Jahr. Elektrizitätserzeugung und -verbrauch in der Dritten Welt wuchsen in den vergangenen Jahren durchschnittlich um 10 Prozent pro Jahr. Auch für die Zukunft werden zweistellige Wachstumsraten erwartet.

Voraussetzung hierfür ist allerdings, daß die Kosten für Kraftwerke und Brennstoffimporte für die Staaten finanzierbar sowie die Stromtarife für die Verbraucher bezahlbar bleiben.

Energieversorgung der Bundesrepublik Deutschland

ZUSAMMENFASSUNG:
In der Bundesrepublik Deutschland wurden nach 1973 umfangreiche Kurskorrekturen in der Energiepolitik durchgeführt. Als Erfolg wird gewertet, daß die Abhängigkeit vom Mineralöl stark reduziert, der spezifische Energieverbrauch deutlich verringert und die umweltbelastenden Effekte der Energieverwendung vermindert werden konnten. Auf absehbare Zeit wird jedoch über 60 Prozent des Bedarfs an Energieträgern nur durch Importe zu decken sein. Für die nächsten zwei Jahrzehnte wird erwartet, daß sich der Verbrauch an Primärenergie geringfügig über dem derzeitigen Niveau einpendelt.

In den ersten beiden Jahrzehnten des Bestehens der Bundesrepublik Deutschland war die Energieversorgung kein Gegenstand von Auseinandersetzungen. Eine Gefährdung der Energiemengen, die importiert werden mußten, war nicht zu erkennen, denn auf dem Weltmarkt strömten große Mengen billigen Öls, mit dem die anderen Energieträger, besonders die Steinkohle, nicht konkurrieren konnten. In den fünfziger Jahren bestimmte die Stein- und Braunkohle uneingeschränkt das energiewirtschaftliche Geschehen (vgl. Tab. 7). Energiepolitik war damals Kohlepolitik, in deren Mittelpunkt die Verteilung der Subventionen für den Erhalt von Förderkapazitäten der deutschen Steinkohle standen, von der man glaubte, daß sie wegen ihrer fundamentalen Bedeutung für den Wiederaufbau nicht aus der energiepolitischen Einflußnahme entlassen werden könne.

Energiepolitik in der Bundesrepublik Deutschland in bezug auf alle Energieträger verstärkte sich erst nach dem ersten Ölpreisschub von 1973, durch den der Weltenergiemarkt einen Schock erlitten hatte, mehr durch abrupten Anstieg der Mineralölpreise innerhalb kurzer Zeit denn als Folge wirklich geänderter Mengenverfügbarkeiten von Erdöl und Erdgas.

Heute dominieren in der öffentlichen und politischen Diskussion bei relativ niedrigem Energiepreisniveau Fragen des Umweltschutzes, der Sicherheit der Kernenergie und der Möglichkeiten der erneuerbaren und neuen Energieträger. Die in den letzten Jahren erzielten

Tabelle 7: Entwicklung und Aufteilung des Primärenergieverbrauchs in der Bundesrepublik Deutschland (in % des Gesamtverbrauchs)

	1950	1955	1960	1965	1973	1979	1988
Steinkohle	72,8	71,7	60,7	43,2	22,3	18,6	19,2
Braunkohle	15,3	14,9	13,8	11,4	8,7	9,3	8,1
Mineralöl	4,7	8,4	21,0	40,8	55,2	50,7	42,1
Erdgas	0,1	0,2	0,4	1,3	10,2	16,0	16,0
Wasserkraft	2,6	2,4	2,2	2,0	1,2	1,0	1,5
Kernenergie	–	–	–	–	1,1	3,4	12,0
Sonstige	4,5	2,4	1,9	1,3	1,3	1,0	1,1
	100,0	100,0	100,0	100,0	100,0	100,0	100,0
Gesamt in Mio. t SK	135,5	183,4	211,5	264,6	378.5	408,2	390,0

Aus: Arbeitsgemeinschaft Energiebilanzen, Essen

Erfolge in der Energiepolitik finden dagegen nur geringe Beachtung:
(1) Die Abhängigkeit vom Mineralöl ist zurückgegangen, dessen Anteil am Energieverbrauch von 55,2 Prozent im Jahre 1973 auf 42,1 Prozent im Jahre 1988 sank. Zur Stromerzeugung trägt Mineralöl nur noch rund 2 Prozent, Erdgas rund 7 Prozent bei.
(2) Die Bemühungen um Energieeinsparung waren in den letzten fünfzehn Jahren sehr erfolgreich. Der spezifische Energieverbrauch ist um über 20 Prozent zurückgegangen.
(3) Sparsame Energieverwendung, Veränderung der Energieverbrauchsstruktur zugunsten emissionsarmer Energieträger sowie sehr umfangreiche Anstrengungen im Umweltschutz haben dazu beigetragen, die umweltbelastenden Effekte der Energieverwendung zu vermindern.
Ein Blick auf die Entwicklung des Primärenergieverbrauchs nach Energieträgern ab 1973 zeigt, daß sich dieser mittlerweile etwa auf dem Niveau von 1973 eingepen-

delt hat. Der bisher höchste Primärenergieverbrauch in der Bundesrepublik war im Jahre 1979 mit über 408 Mio. t SKE.

Auch bei der Elektrizitätserzeugung hat sich die Struktur der eingesetzten Energieträger geändert (vgl. Tab. 8). Die Auswirkungen der Energiepolitik im Elektrizitätsbereich schlagen sich insbesondere bei den Energieträgern Steinkohle und Kernenergie sowie in der wechselvollen Geschichte von Erdöl und Erdgas bei der Stromerzeugung nieder.

Die Bundesrepublik muß noch auf absehbare Zeit über 60 Prozent ihres Verbrauchs aus Importen decken. Eine überproportionale Importquote besteht mit 97 Prozent beim Mineralöl. Erdgas kommt derzeit zu rund 28 Prozent aus inländischer Förderung, der Rest wird aus der UdSSR (29 Prozent), den Niederlanden (28 Prozent) und Norwegen sowie Dänemark (zusammen rund 15 Prozent) importiert.

Beim Uran besteht mit 100 Prozent statistisch gesehen die höchste Einfuhrabhängigkeit. Da jedoch produktionstechnisch bedingt und aus Gründen der Vorratshal-

Tabelle 8: Entwicklung der Elektrizitätserzeugung in der Bundesrepublik Deutschland (in Prozent des Bruttoverbrauchs)

	1950	1960	1970	1973	1979	1988
Steinkohle	54,1	53,8	38,2	32,8	28,5	30,8
Braunkohle	19,3	25,1	24,7	25,1	25,1	18,2
Erdölerzeugnisse	0,6	2,6	14,5	13,7	7,4	2,5
Erdgas	–	0,1	5,4	11,5	18,6	6,6
Übrige Wärmekraft	5,7	4,5	4,6	4,7	3,8	3,0
Wasserkraft	18,2	10,5	7,1	5,0	5,0	4,7
Kernenergie	–	–	2,4	3,8	11,4	33,6
Nettoimporte	2,1	3,4	3,1	3,4	0,2	0,6
	100	100	100	100	100	100

Aus: Statistische Berichte des Referates Elektrizitätswirtschaft im BMWI, Deutsches Institut für Wirtschaftsforschung, Wochenbericht 44/84, Schiffer, H.-W.: Energiemarkt '88, in: et 3/89, S. 154f.

tung ständig große Uranbrennstoffvorräte im Inland gelagert werden, wäre bei einem faktischen Uran-Lieferstopp für die Bundesrepublik der störungsfreie Weiterbetrieb der heimischen Kernkraftwerke über mindestens vier Jahre sichergestellt. (Die eingelagerten Ölvorräte haben verglichen damit eine erheblich geringere Reichweite von rund 100 Tagen.) Unter dem Gesichtspunkt der Sicherheit der Versorgung kann der Kernenergie damit ein ähnlicher Stellenwert beigemessen werden wie den heimischen Energieträgern.

Die Netto-Devisenbelastung durch Energieimporte hatte sich aufgrund der beiden Ölpreisschübe von 12 Mrd. DM im Jahre 1973 auf 80 Mrd. DM im Jahre 1985 fast versiebenfacht. Der Rückgang des Ölpreises 1986 und der rückläufige Dollarkurs haben gegenwärtig dazu geführt, daß sich die Aufwendungen für Energieimporte im Jahre 1988 wieder auf 27,5 Mrd. DM verringert haben.

Über die zukünftige Entwicklung des Primärenergieverbrauchs liegen zahlreiche Studien vor, die im wesentlichen zu vergleichbaren Kernaussagen kommen: Trotz eines angenommenen Wirtschaftswachstums von insgesamt 30 bis 40 Prozent bis zum Jahre 2010 dürfte sich der Verbrauch an Primärenergie um 400 Mio. t SKE einpendeln. Dabei wird erwartet, daß der Anteil des Mineralöls auf 35 Prozent sinken wird, während sich der Erdgasanteil leicht erhöhen wird. Bei der Braunkohle geht man von einer relativ konstanten Entwicklung aus. Die Zukunft der deutschen Steinkohle ist maßgeblich von der weiteren Subventionierung abhängig, also von energiepolitischen Entscheidungen. Beim gegenwärtigen Ausbauumfang könnte die Kernenergie ihren Anteil am Primärenergiebedarf auf etwa 14 Prozent steigern.

Bei der Stromerzeugung rechnet man mit weiteren Zuwachsraten von einem halben bis 1,5 Prozent jährlich. Der Anteil der Elektrizität am gesamten Verbrauch von Primärenergie dürfte sich demnach bis zum Jahr 2010 von derzeit etwa 33 Prozent auf nahezu 40 Prozent ausweiten.

Bestimmungsfaktoren des zukünftigen Weltenergiebedarfs

ZUSAMMENFASSUNG:
Wachstumsgeschwindigkeit und Struktur der globalen Nachfrage nach Energie werden zukünftig im wesentlichen vom Bevölkerungswachstum und den Möglichkeiten der einzelnen Länder, Energie rationell zu nutzen, bestimmt werden. Für die 33 Industrieländer verzeichnet man eine abgeschwächte Bevölkerungszunahme, in den über 120 Entwicklungsländern wächst die Bevölkerung stark an. Heute geht man davon aus, daß sich bis spätestens zum Jahre 2050 die Weltbevölkerung verdoppeln wird, wobei schon im Jahre 2000 nahezu 80 Prozent der Menschen in der Dritten Welt leben werden. Dort können derzeit über 100 Millionen Menschen ihren minimalen Energiebedarf nicht decken; eine weitere Milliarde leidet unter bedrohlichem Mangel. Relativ gering sind die Möglichkeiten in diesen Ländern, Energie rationeller einzusetzen. Für die westlichen Industrieländer rechnet man mit weiteren Erfolgen beim rationellen Energieeinsatz, wenngleich die einfach und kostengünstig zu erschließenden Energiesparpotentiale in vielen Bereichen mittlerweile ausgeschöpft sind. Insgesamt ist mit einem schnellen Anstieg des Weltenergiebedarfs zu rechnen, fast ausschließlich hervorgerufen durch den Mehrbedarf der Entwicklungsländer.

Energieprognosen waren in der Vergangenheit mit großen Fehleinschätzungen verbunden. Es sei an die fünfziger Jahre erinnert, als man das Wachstum des Verbrauchs an Primärenergie deutlich unterschätzte. Vorhersagen aus der Zeit vor 1973 ahnten den ersten Ölpreisschub weder voraus, noch erkannten sie die anschließende Weltrezession, so daß die Entwicklung des Energieverbrauchs gelegentlich drastisch überschätzt wurde. Den Ölpreisverfall seit 1986 konnte man in seinen Dimensionen ebenfalls nicht erfassen.
Der Versuch, über mögliche zukünftige Entwicklungen nachzudenken, ist jedoch mehr als bloße Spekulation, vielmehr kann durch rationale Analyse der Bestimmungsfaktoren die Tragfähigkeit heutiger Entscheidungen nachhaltig verbessert werden. Für die Bundesrepu-

Tabelle 9: Wachstum der Weltbevölkerung in Milliarden (Schätzung der UNO)

	1950	1975	1987	2000	2025
Industrieländer – West und Ost –	1,0	1,1	1,3	1,4	1,6
Schwellen- und Entwicklungsländer	1,5	2,9	3,7	4,6	7,5
Weltbevölkerung	2,5	4,0	5,0	6,0	9,1

Aus: UN Population Division

blik sind derartige Einschätzungen besonders wichtig, da wir auf absehbare Zeit in starkem Maße von Energieträger-Importen abhängig sind und international gehandelte Brennstoffe unsere wichtigste Energiequelle bleiben werden.
Zentrale Bestimmungsfaktoren mit unterschiedlichem Gewicht, welche die Wachstumsgeschwindigkeit und die Struktur der globalen Nachfrage nach Energie bestimmen werden, sind das Bevölkerungswachstum sowie die Kopplung der Zuwachsraten von Wirtschaft und Energieverbrauch.

Bevölkerungswachstum

Das weitere Wachstum der Weltbevölkerung ist der wichtigste Bestimmungsfaktor des zukünftigen Energiebedarfs. Nach Schätzung der UNO bevölkern derzeit rund 5 Mrd. Menschen die Erde. Diese Zahl wird sich spätestens bis zum Jahre 2050 verdoppeln. In den 33 Industrieländern verzeichnen wir seit 1970 überwiegend eine Abschwächung der Bevölkerungszunahme. In den 123 Entwicklungsländern wächst demgegenüber die Bevölkerung mehr oder weniger stark. Diese Entwicklung wird dazu führen, daß im Jahre 2000 nahezu 80 Prozent der Menschen in der Dritten Welt leben werden (vgl. Tab. 9).

Da gerade in diesen Ländern der Energieverbrauch von einem sehr niedrigen Niveau ausgeht und für einen verbesserten Lebensstandard hohe Zuwachsraten benötigt werden, wird die langfristige Entwicklung des Weltenergiebedarfs vor allem durch die Länder der Dritten Welt geprägt. Nach Berechnungen des Brookhaven National Laboratory liegt der zur Sicherung des physischen Existenzminimums an Nahrung und zum Schutz vor klimatischen Einwirkungen notwendige Energieeinsatz zwischen 0,3 und 0,4 t SKE pro Kopf und Jahr. Zur Befriedigung der Grundbedürfnisse einschließlich der Gesundheitspflege und der Bildung müssen 1,2 bis 1,4 t SKE pro Kopf und Jahr aufgebracht werden. Gemessen an diesen Werten konnten Mitte der achtziger Jahre über 100 Mio. Menschen selbst ihren minimalen Energiebedarf nicht decken; eine weitere Milliarde Menschen litt unter bedrohlichem Mangel.
Ein einfaches Rechenbeispiel macht die besorgniserregenden Dimensionen klar, um die es sich dabei handelt: Geht man davon aus, daß sich der derzeitig durchschnittliche jährliche Verbrauch an kommerziellen Energieträgern in der Dritten Welt von rund 0,6 t SKE bis zum Jahre 2025 nur auf 1,0 t SKE erhöhen wird, so muß diese Pro-Kopf-Menge für dann voraussichtlich 7,5 Mrd. Menschen in der Dritten Welt bereitgestellt werden (vgl. Tab. 9, S. 33). Die Nachfrage wird sich insbesondere auf die für diese Länder leicht handhabbaren Mineralölprodukte sowie auf Brennstoffe zur Stromerzeugung konzentrieren. Insgesamt müßten dann mindestens 7,5 Mrd. t SKE vornehmlich in Form von Erdöl und Kohle für die Entwicklungsländer aufgebracht werden, während es 1986 etwa 1,8 Mrd. t SKE waren.
Ein vordringliches Problem wird die Ernährung dieser Menschenflut sein. Ungeachtet der jüngsten Erfolge bei der Lebensmittelproduktion in einigen Entwicklungsländern sind nach Aussagen der Food and Agriculture Organisation der UNO die Grundprobleme nach wie vor ungelöst. Die FAO schätzt, daß derzeit 450 Mio. Menschen ständig hungern und unterernährt sind. Um die wachsende Bevölkerung in der Dritten Welt zukünftig ernähren zu können, benötigen diese Länder einen Mehrein-

satz an Energie zur Intensivierung der Landwirtschaft, vor allem zur Bewässerung, Düngung, Schädlingsbekämpfung und Lagerhaltung.
Ein weiteres Problem stellt die Landflucht dar mit der Folge eines bedrohlichen Anwachsens der Millionenstädte in der Dritten Welt. Die UNO erwartet, daß zu Beginn des nächsten Jahrhunderts etwa 50 Prozent der Menschen in Städten wohnen werden. Bereits im Jahre 2000 werden der Großraum Sao Paulo/Rio de Janeiro etwa 45 Mio. und Mexico City knapp 30 Mio. Einwohner haben. Für Mexico City bedeutet dies, daß zahlenmäßig etwa die Hälfte der heutigen bundesrepublikanischen Bevölkerung in diesem Ballungszentrum massiert ist. Programme zur Begrenzung des Bevölkerungswachstums haben sich bis heute als wenig wirksam erwiesen. Die Entwicklungsländer bemühen sich, in diesen Zentren für die schnellwachsende Bevölkerung Arbeitsplätze zu schaffen. Damit steigt der Bedarf nach veredelter Energie, besonders nach Strom, stark an.
In den Entwicklungsländern hat die Bevölkerungsexplosion einen Wachstumspfad erreicht, der vielfach als »Teufelskreis« bezeichnet wird: Rund 50 Prozent der Menschen dort sind jünger als 22 Jahre. Legt man einmal zugrunde, daß in diesen Regionen zukünftig auf ein Ehepaar nur zwei Nachkommen entfallen würden, so müßte man bis zum Jahre 2050 mit einer Verdoppelung der Weltbevölkerung rechnen. Die tatsächliche Nachkommenschaft wird wahrscheinlich jedoch durchschnittlich drei bis vier Kinder pro Familie betragen. Damit wird die Erdbevölkerung sehr rasch im nächsten Jahrhundert auf über 10 Mrd. Menschen anwachsen.

Kopplung von Wirtschaftswachstum und Energieverbrauchswachstum

Bis auf wenige kleinere Staaten wollen alle Länder der Dritten Welt ihren Entwicklungsprozeß besonders durch wirtschaftliches Wachstum voranbringen. Sie folgen damit dem Vorbild der Industrieländer.
Die Verteuerung des Energieangebotes nach 1973 hat

zunehmend Veranlassung gegeben, nach Möglichkeiten rationeller Verwendung der Energie vor allem in Industriestaaten zu suchen. Dabei wird es jedoch nicht möglich sein, das Wachstum des Energieverbrauchs vom Wirtschaftswachstum vollständig abzukoppeln. Solange das reale Sozialprodukt weltweit zunehmen wird, dürfte auch der Energieverbrauch steigen, wenn auch in einzelnen Regionen unterschiedlich stark und verschieden strukturiert. In den westlichen Industrieländern ist die Energieintensität, also der Primärenergieverbrauch pro Einheit des Bruttosozialprodukts, seit 1973 und verstärkt nach 1979 rückläufig. Die massiven Energiepreiserhöhungen hatten in Verbindung mit technischem Fortschritt zu Einsparungen geführt und bewirkt, daß Energie effizienter genutzt wird. In den OECD-Ländern betrug die durchschnittliche Energieeinsparung in den Jahren 1973 bis 1984 nahezu 20 Prozent, während gleichzeitig die Wirtschaft um über 28 Prozent wuchs.

Neben der Verbesserung des effizienten Einsatzes von Energie trug auch der Strukturwandel innerhalb der Volkswirtschaften zur Verringerung der Energieintensitäten bei. Der besonders energieintensive Industriesektor hat relativ abgenommen, während der Dienstleistungssektor zunahm. Innerhalb der industriellen Produktion wurde der Anteil der energieintensiven Schwerindustrie verringert.

Hohe Energieeinsparquoten bei fossilen Energieträgern – der Verbrauch an elektrischer Energie ist weiter angestiegen – weist seit 1973 besonders die Bundesrepublik auf, was auf die relativ hohe Sensibilität der Bevölkerung für Fragen des Umweltschutzes und auf Bemühungen um Energieeinsparung zurückzuführen ist. Dabei haben privatwirtschaftliche Überlegungen ebenso mitgewirkt wie fiskalische Anreize. Während seit 1973 die Wirtschaft in der Bundesrepublik um insgesamt 31 Prozent gewachsen ist, stagniert der jährliche Verbrauch an Primärenergie. Hierbei ist jedoch zu berücksichtigen, daß ein Teil dieses Verbrauchsrückganges auf den wirtschaftlichen Strukturwandel zurückzuführen ist und zu Arbeitsplatzverlusten geführt hat.

Für die künftige Entwicklung sind folgende Fakten von

Bedeutung: Einfach und kostengünstig zu erschließende Energiesparpotentiale, die im wesentlichen im Bereich des privaten Verbrauchs lagen, sind vielfach ausgeschöpft. Will man weitere Mengen einsparen, sind häufig kapitalintensive Investitionen erforderlich. Der industrielle Sektor kommt weniger in Betracht, da dort schon immer rationelle Energieverwendung angestrebt wird. Weitere Spareffekte werden wesentlich von der Höhe der künftigen Energiepreise abhängen.

In den meisten Schwellen- und Entwicklungsländern hat eine Entkopplung der Zuwachsraten von Wirtschaft und Energieverbrauch bisher nicht stattgefunden. Vielmehr läßt eine Untersuchung der Weltbank den Schluß zu, daß auf absehbare Zeit dort der Energieverbrauch im Vergleich zum Wirtschaftswachstum überproportional wachsen wird. Die Gründe hierfür sind vielfältig: veraltete und schlecht gewartete Kraftwerke, Motoren und Maschinen; klimatische und geographische Besonderheiten. In zahlreichen Ländern werden aber auch aus sozialen Erwägungen die Energiepreise künstlich niedrig gehalten, so daß es kaum Anreize zur Energieeinsparung gibt.

Insgesamt zeigt sich ein differenziertes Bild der globalen Versorgungsperspektiven. Zwar droht nach wie vor keine physische Erschöpfung der Energieträger, aber es zeichnet sich eine unvermindert weiter wachsende Nachfrage der Entwicklungsländer ab, insbesondere nach Mineralölprodukten und Brennstoffen für die Stromerzeugung.

Die Studien der Conservation Commission der Weltenergiekonferenz und das International Institute for Applied Systems Analysis (IIASA) haben versucht, auf die Langzeitprobleme der Weltenergieversorgung Antwort zu geben. Beide Studien kommen zu dem Ergebnis, daß der jährliche Energiebedarf im Jahre 2020 in Abhängigkeit von wirtschaftlicher Entwicklung und technischem Fortschritt zwischen 20 und 27 Mrd. t SKE liegen dürfte. Dieses bedeutet, daß wir in den nächsten 30 Jahren, gemessen am heutigen Niveau, mit einer Verdoppelung der Nachfrage rechnen müssen.

Energie und Umwelt

Umweltbelastungen durch Energienutzung

ZUSAMMENFASSUNG:
In den letzten Jahrzehnten ist uns immer deutlicher bewußt geworden, daß technischer Fortschritt die Grenzen der Natur nur ausweiten, nicht jedoch überwinden kann. Umweltschäden zeigen, daß diese Grenzen durch den technischen Energieeinsatz, einem der Hauptverursacher von Umweltbelastungen, vielfach überschritten worden sind. Hierbei stehen Probleme der Luftqualität und des Klimas im Mittelpunkt des öffentlichen und politischen Interesses.

Der Mensch, von der Natur im Laufe ihrer Evolution hervorgebracht, stand in allen Phasen seiner Naturgeschichte in engster Verbindung mit seiner Umwelt. Naturprozesse stellten ihm die äußeren Grundlagen für seine Lebensführung zur Verfügung, gleichzeitig sorgten dieselben dafür, daß die Abfallprodukte und Zerstörungsfolgen seines Wirkens wieder beseitigt wurden. Diese Naturabhängigkeit war dem Menschen über Jahrtausende hinweg eine Selbstverständlichkeit.
Der überwältigende Triumph der technischen Zivilisation des letzten Jahrhunderts konnte die Abhängigkeit des Menschen von der Natur zeitbegrenzt und nur für einen kleinen Teil der Weltbevölkerung verdrängen. Die letzten Jahrzehnte brachten in immer stärkerem Maße die Erkenntnis, daß der zivilisationsgeschichtliche Fortschritt kein beliebiges Überschreiten natürlicher Grenzen war, sondern lediglich ein kraftvoller Versuch, die Fesseln der Natur zu dehnen, ohne sie jedoch sprengen zu können.
Das mittlerweile geschärfte ökologische Bewußtsein ist Ausdruck zunehmender Einsicht in die Tatsache, daß die Natur weder unerschöpflich Ressourcen spendend noch unendlich duldsam gegenüber allen Lasten ist, die man ihr aufbürdet. Vielmehr müssen die Eigenschaften, Bedingungen und Grenzen der Natur als grundlegendes

Kalkül in menschliche Handlungsentscheidungen eingehen.
Die Lösung der Umweltprobleme gilt unumstritten als zentrale Herausforderung der Zukunftsbewältigung aller Länder. Der Konsens geht jedoch einher mit kontroversen Auffassungen über die zu ergreifenden Maßnahmen.
Versucht man die Ursachen der Umweltbeeinträchtigungen zu zentralen Kategorien zu bündeln, so lassen sich drei Komplexe erkennen:
(1) Menschliches Fehlverhalten und Unkenntnis,
(2) Wirtschaftssysteme und -wachstum,
(3) Bevölkerungsdruck und Armut.
Die Ursachenkomplexe stehen in enger wechselseitiger Beziehung zueinander, betonen jedoch jeweils besondere Bereiche und Aspekte. Einer der Hauptverursacher der Umweltbeeinträchtigungen ist der technische Energieeinsatz. Der Lebensraum des Menschen, seine Umwelt, wird durch fast jede Form menschlicher Energienutzung belastet. Da eine wesentliche Voraussetzung menschlichen Lebens die Nutzung von Energie ist, geht dies stets mit einer Belastung der Umwelt einher. So entstehen Umweltbelastungen, wenn der Mensch die in der Natur gespeicherte Energie fördert, transportiert und in Nutzenergie umwandelt.
Die Energienutzung beeinträchtigt die Umwelt in vielfacher Hinsicht:
- Luft und Boden werden verunreinigt;
- Gewässer werden durch Abfallstoffe und Abwärmeemissionen belastet;
- es entsteht Lärm;
- das Landschaftsbild wird negativ verändert.
Im Mittelpunkt des öffentlichen und politischen Interesses stehen die Beeinträchtigungen der Qualität von Luft und Klima, an denen der technische Energieeinsatz wiederum einen erheblichen Anteil hat.

ZUSAMMENFASSUNG:
Unstrittig ist, daß hohe Luftverschmutzung Menschen, Tiere und Pflanzen nachhaltig schädigt. In der Bundesrepublik sind umfassende Maßnahmen eingeleitet worden, die Emissionen an Schwefeldioxid und Stickstoffoxiden drastisch zu reduzieren. Zukünftig werden Fortschritte in der Verbesserung der Luftqualität von der Bereitschaft unserer Nachbarländer abhängig sein, ebenfalls entsprechende Maßnahmen zu treffen.

Wissenschaftlich unbestritten ist, daß hohe Luftverschmutzung Tiere und Pflanzen nachhaltig schädigt, sowie allgemein Gesundheitsschäden und sogar den Tod von kranken und empfindlichen Personen verursacht. Zudem werden in nicht unerheblichem Maße Materialien und Gebäude durch die Schadstoffe angegriffen.

Seit Anfang der achtziger Jahre wurden – ausgelöst durch die Diskussion über Waldschäden – die Luftreinhaltemaßnahmen in der Bundesrepublik drastisch forciert. Aufgrund der Großfeuerungsanlagenverordnung (GFAVO) und Technischen Anleitung Luft (TA Luft) sind bis Mitte 1988 rund 90 Prozent aller Steinkohle- und Braunkohleblöcke in der öffentlichen Stromversorgung mit Rauchgasentschwefelungsanlagen ausgerüstet worden. Bis Mitte der neunziger Jahre werden auch aufgrund der für die Industriefeuerungen wirksamen TA Luft die Emissionen an Schwefeldioxid in der Bundesrepublik um rund 75 Prozent reduziert. Zeitlich versetzt werden die Feuerungen auch mit Anlagen zur Minderung der Stickstoffoxide versehen. Bei den Kohlekraftwerken wird bis Mitte der neunziger Jahre eine Reduzierung um rund 75 Prozent angestrebt.

Auch für kleine Feuerungsanlagen z. B. in privaten Haushalten, Handwerks- und Gewerbebetrieben, Schulen und Krankenhäusern werden seit Oktober 1988 strengere Anforderungen in bezug auf Brennmaterial und technische Anlagenausstattung gestellt. Wegen der großen Anzahl und der niedrigen Schornsteinhöhe tragen kleine Feuerungsanlagen in erheblichem Umfang zur Immissionsbelastung in Ballungsgebieten bei.

Umweltpolitische Teilerfolge konnten auch bei der För-

derung schadstoffarmer Autos und der Einführung bleifreien Benzins verzeichnet werden. Gleichwohl wurde ein Durchbruch in diesem Bereich bisher besonders durch das Desinteresse vieler Autohalter, aber auch durch unterschiedliche Interessenlagen von Mitgliedsländern der EG verhindert.
Zukünftige Fortschritte in der Verbesserung der Luftqualität in der Bundesrepublik sind jedoch insbesondere von der Bereitschaft unserer Nachbarländer abhängig, ebenfalls in Schadstoffrückhalte-Anlagen bei Kohlekraftwerken zu investieren. Rund 50 Prozent des bei uns niedergehenden Schwefels stammten nach dem Stand von 1985 aus den Nachbarländern, insbesondere aus dem Ostblock. Messungen haben ergeben, daß die Schadstofffrachten heute bereits bei Ostwind etwa dreimal so hoch sind wie bei Westwind. Aus ökologischem Eigeninteresse muß die Bundesrepublik daher bemüht sein, die Nachbarländer zu einer intensiveren Luftreinhaltepolitik zu bewegen. Dabei ist eine finanzielle und technische Zusammenarbeit der westlichen Staaten mit den Ostblockländern erforderlich, deren Maßnahmen zur Luftreinhaltung bisher im wesentlichen nur in Form der Substitution von Kohle und Öl durch Kernenergie und Erdgas sowie durch Zubau von Wasserkraft-Kapazitäten erfolgt sind.
Die mit der Nutzung kommerzieller Energieträger verbundenen ökologischen Belastungen treten in den Schwellen- und Entwicklungsländern aufgrund des vergleichsweise geringen Industrialisierungs- und teilweise niedrigen Urbanisierungsgrades noch nicht in dem Ausmaß auf, wie in den westlichen und östlichen Industrieländern. Ausnahmen hiervon bilden die Industriezentren in der Dritten Welt. Hier gibt es kaum Umweltschutzauflagen, und in der Umgebung dieser Zentren sind die Umweltbelastungen derart gravierend, daß Investitionen in Schadstoffrückhalte-Anlagen und/oder die Substitution von Kohle- und Ölverbrennung in absehbarer Zeit unausweichlich sein dürften.

Klimaveränderungen

ZUSAMMENFASSUNG:
Die seit der Industrialisierung durch den Menschen emittierten Gase und Spurengase haben ein Ausmaß erreicht, das mit sehr hoher Wahrscheinlichkeit zu Klimaveränderungen führen wird. Aufgrund des »Treibhauseffektes« werden in den nächsten 50 Jahren Temperaturveränderungen für möglich gehalten, die ein Ansteigen des Meeresspiegels, eine Veränderung der Niederschlagsmengen und eine Verlagerung der Klima- und Vegetationszonen zur Folge haben könnten. Das CO_2, das bei der Verbrennung fossiler Energieträger freigesetzt wird, trägt etwa 50 Prozent zu den Klimaveränderungen bei. Handlungsempfehlungen der Wissenschaft gehen dahin, ab sofort die Emissionsraten um zwei Prozent pro Jahr zu vermindern und künftig insgesamt nicht mehr als rund 260 Mrd. t SKE fossiler Energieträger zu verbrennen.

Während bei den Luftschadstoffen durch die forcierten Luftreinhaltemaßnahmen Perspektiven für eine – zumindest regional – weitgehende Entsorgung einzelner Luftschadstoffe bestehen, so sieht die Situation bei den klimawirksamen Spurengasen, die als Verbrennungsrückstände fossiler Energieträger anfallen und in denen man die Ursache für das Entstehen des sog. »Treibhauseffektes« sieht, ungünstig aus. Deren Entsorgung ist – nach heutiger Erkenntnis zumindest hinsichtlich des Kohlendioxids (CO_2) – zwar vorstellbar, scheitert aber bis jetzt an dem hierfür erforderlichen Aufwand.
Auf das Problem möglicher Klimaänderungen als Folge eines erhöhten CO_2-Anteils der Atmosphäre hat der schwedische Physiker und Chemiker Svante Arrhenius schon im Jahre 1895 hingewiesen. Dabei hat Arrhenius erstaunlicherweise den Temperaturanstieg bei einer Verdoppelung des CO_2-Gehalts mit etwa 5° Celsius (C) richtig angegeben. Unsere Erkenntnisse über das Phänomen des »Treibhauseffektes« sind also nicht neu.
Die wissenschaftliche Debatte um das CO_2-Problem begann allerdings erst 1971/72, als die Klimatologen auf zwei Klausurtagungen die vorliegenden Erkenntnisse bündelten und die Tragweite des Treibhauseffektes aufzeigten. Im Jahre 1979 griff die UNO das Problem im

Tabelle 10: Globale CO_2-Emissionen des kommerziellen Primärenergieeinsatzes in Mio. t CO_2/a für 1988

	Steinkohle	Braunkohle	Öl	Gas	Total
Westeuropa	807	172	1704	473	3156
Nordamerika	1725	81	2852	1103	5761
Mittel- und Südamerika	83	–	705	151	939
Afrika	254	–	269	42	565
Naher Osten	48	–	394	76	518
Südostasien + Australien	875	117	1306	173	2471
Ostblock (ohne China)	1119	713	1410	1212	4454
China	2186	29	426	33	2674
Insgesamt	7097	1112	9066	3263	20538

Aus: BMFT-Pressemitteilung Nr. 8/88

Rahmen einer Weltklimakonferenz auf, deren Hauptergebnis ein internationales Klimaforschungsprogramm war, das uns seitdem einen erheblichen Erkenntniszuwachs über das Klima allgemein sowie über Ursachen und Folgen möglicher Veränderungen erbracht hat.
Spurengase in der Atmosphäre beeinflussen unser Klima dergestalt, daß sie günstige Lebensbedingungen ermöglichen. Ohne Elemente wie Wasserdampf, CO_2, Ozon und Methan würde die mittlere Temperatur der Erdatmosphäre nur -18° C erreichen. Sie beträgt derzeit +15° C, da die Spurengase einen Teil der von der Erdoberfläche abgestrahlten Wärme absorbieren und reflektieren.
Die Verbrennung fossiler Energieträger hat dazu geführt, daß immer mehr Kohlenstoff in Form von CO_2 in der Atmosphäre angereichert wird. Vor rund 100 Jahren wurden jährlich nur rund 70 Mio. t CO_2 emittiert, heute sind es mittlerweile rund 20 Mrd. t CO_2 (vgl. Tab. 10). Ursache für diesen rasanten Zuwachs ist der steil angestiegene globale Primärenergiebedarf, der zu rund 90 Prozent mit fossilen Energieträgern gedeckt wird (zum Vergleich: Bundesrepublik Deutschland rund

86 Prozent). Zusätzlich gelangen jährlich bis zu 2 Mrd. t Kohlenstoff durch Waldrodung und Bodenverluste in die Atmosphäre.
Der Ablauf des Kohlenstoff-Flusses zwischen den globalen Kohlenstoffspeichern Atmosphäre, Ozean, Biosphäre und Sediment wird durch die Menschheit erheblich beeinflußt. Derzeit nehmen die Ozeane rund 50 Prozent des anthropogenen (vom Menschen verursachten) Kohlenstoffs auf. Der Rest, der von den natürlichen Kreisläufen nicht absorbiert werden kann, reichert sich in Form von CO_2 in der Atmosphäre an. In den vergangenen 150 Jahren ist die CO_2-Konzentration von rund 280 ppm auf rund 350 ppm (Schätzwert für 1988) gestiegen.
Das CO_2 trägt derzeit etwa 50 Prozent zum Treibhauseffekt bei, die übrigen 50 Prozent werden durch andere klimawirksame Spurengase verursacht, nämlich Fluor-Chlor-Kohlenwasserstoffe (FCKW; 20 Prozent), Methan (15 Prozent), troposphärisches Ozon (10 Prozent) und Di-Stickstoffoxid (5 Prozent).
Die Klimaforscher rechnen mit einer Temperaturerhöhung bis zur Mitte des nächsten Jahrhunderts um 1,5–4,5° C, wenn es nicht gelingt, rasch international koordinierte Vorsorgemaßnahmen einzuleiten. Bedenkt man, daß die mittlere Temperatur in den letzten Millionen Jahren nur um maximal 2° C höher und um 5° C niedriger war als heute und daß seit der letzten Eiszeit die Temperaturschwankungen auf der Erde nicht über 2° C betrugen, so wird die Tragweite einer derartigen Erwärmung deutlich. Die Konsequenzen wären: Nordwanderung der Trockenzonen um mehrere 100 km als Resultat geänderter Niederschlagsmengen und Luftfeuchtigkeit; Abschmelzen der nordpolaren schwimmenden Eisdecke und der Hochgebirgsgletscher, wodurch mittelfristig der Meeresspiegel in einer Bandbreite von 30–120 cm ansteigen dürfte.
Ausgeschlossen werden kann, was in den Medien behauptet worden war, daß durch ein vollständiges Abschmelzen der großen Inlandeise der Meeresspiegel um rund 80 m ansteigt; die langfristige obere Risikoschwelle wird vielmehr auf 3–5 m veranschlagt. Vermutungen

über eine Zunahme von tropischen Wirbelstürmen oder Sturmfluten sind derzeit ebenfalls Spekulation.
Die Ergebnisse von Klimamodellrechnungen, auf denen diese Werte beruhen, sind noch mit Unsicherheiten behaftet. Kausale Zusammenhänge zwischen dem Treibhauseffekt und z. B. der Wärmespeicherkapazität der Ozeane, der Entwicklung der Bewölkung mit ihren Folgen für den Strahlungshaushalt sowie die Rolle der Vegetation für die Verdunstung und das Albedo (Reflektionseigenschaft der Erdoberfläche) bedürfen noch vertiefter Klärung.
Allein die bis heute als gesichert geltenden Erkenntnisse verbieten es, die Gefahr weltweiter Klimaveränderungen als spekulativ zu bezeichnen und den Zwang zu raschem Handeln als zu früh zurückzuweisen. Auf der internationalen Konferenz »Changing Atmosphere« im Sommer 1988 in Toronto wurde der anthropogene Treibhauseffekt samt dem »Ozonloch« als ein »weltumfassendes, unkontrolliertes Experiment« bezeichnet, das sich die Menschheit leiste. In der Schlußresolution von Toronto wurde gefordert, die globalen CO_2-Emissionen bis zum Jahr 2005 um 20 Prozent und bis 2050 um 50 Prozent zu vermindern. Einzelne Klimatologen fordern dagegen, ab 1990 die Emissionen sogar um 7,5 Prozent pro Jahr zu verringern.
Die Ziele der Konferenz von Toronto können nur erreicht werden, wenn die Verbrennung fossiler Energieträger weitgehend reduziert wird. Von den heute bekannten Vorräten an Kohle, Erdöl und Erdgas (rund 1300 Mrd. t SKE, vgl. Tab. 1, S. 16) dürfte demnach nur ein Fünftel, also rund 260 Mrd. t SKE, verbraucht werden. Jede Verzögerung des Beginns der Reduktion hat zur Folge, daß der Anpassungszwang in den Folgejahren um so massiver wird.
Bei den einzelnen klimawirksamen Spurengasen bestehen unterschiedliche Möglichkeiten der Reduktion. Methan wird besonders im Zusammenhang mit der Nahrungsmittelproduktion emittiert. Der Wirkungsanteil des Methans am Treibhauseffekt dürfte angesichts der stark wachsenden Weltbevölkerung eher zunehmen. Die FCKW, die auch im Verdacht stehen, den hochatmo-

sphärischen (stratosphärischen) Ozonschild abzubauen, der das Leben auf der Erde vor der harten UV-Strahlung der Sonne schützt, könnten bei entschlossenem Handeln der Industrieländer weitgehend eliminiert werden.
Eine Verminderung der CO_2-Emissionen stellt die internationale Staatengemeinschaft allerdings vor eine Restrukturierungsaufgabe ihrer Energieversorgung, die in ihren Dimensionen die Anpassungsmaßnahmen nach den Ölpreiskrisen 1973 und 1979/80 als vergleichsweise marginal erscheinen läßt.
Die bisherigen Prognosen der Weltenergieversorgung, die angesichts der wachsenden Weltbevölkerung davon ausgingen, daß der Primärenergieverbrauch stark ansteigen wird, sind grundlegend zu revidieren. Selbst wenn der Anteil der fossilen Energieträger im Jahre 2060 von gegenwärtig 90 Prozent auf 55 Prozent reduziert wird, würde auch dieser Wert zu einer Verdoppelung der globalen CO_2-Emissionen und damit zu einer raschen Aufheizung der Erdatmosphäre führen.
Möglichkeiten der Verminderung von CO_2-Emissionen sind:
– Ersatzloser Verzicht auf CO_2-emittierende Prozesse durch Energiesparen.
– Verbesserung des Wirkungsgrades der Energiegewinnung, -umwandlung und -nutzung.
– Ersatz CO_2-intensiver durch CO_2-schwache Prozesse mittels Umstrukturierung des Energieträgermix, denn die emittierten CO_2-Mengen stehen, bezogen auf die erzeugte Energiemenge, bei der Verbrennung von Steinkohle, Braunkohle, Erdöl und Erdgas im Verhältnis 100 : 121 : 88 : 58 zueinander.
– Substitution durch die CO_2-freien Prozesse der regenerativen Energieträger (außer Brennholz, Müll u. a.) und der Kernenergie.
Der Weg zu weltweiten Maßnahmen für eine Reduzierung des CO_2 wird teuer und überaus schwierig sein, da – anders als beim Schwefeldioxid und bei den Stickoxiden – die Auswirkungen nur global und nicht lokal sein werden. Hinzu kommt, daß die klimatischen Folgen in jedem Land anders in Erscheinung treten werden. Zu Ländern, die per Saldo eher begünstigt sein könnten,

zählen beispielsweise China, UdSSR und Kanada, deren Anteile an den globalen CO_2-Emissionen rund ein Drittel betragen. Dagegen müßte die Mehrheit der Entwicklungsländer, aber auch die südeuropäischen Länder, aufgrund der Klimaänderungen mit Nachteilen rechnen.

Optionen und Alternativen

In der energiepolitischen Diskussion wird häufig auf neue Techniken der Energiegewinnung als »Optionen« verwiesen, mit deren Hilfe man glaubt, die Probleme der sich abzeichnenden Erschöpfung der natürlichen Ressourcen, aber auch die ökologischen Gefahren meistern bzw. lindern zu können.

Möglichkeiten rationeller Energienutzung

ZUSAMMENFASSUNG:
Energiesparen trägt mit dazu bei, Ziele des Umweltschutzes, der Schonung von Ressourcen oder der Sicherheit der Versorgung zu verwirklichen. Rationeller und sparsamer Energieeinsatz ist – außer bei Einschränkungen des einzelnen – meist mit direktem und indirektem Kapitaleinsatz verbunden. In der Bundesrepublik sind nach 1973 beachtliche Energiesparerfolge zu verzeichnen gewesen. Weitere Einsparungen sind insbesondere bei der Raumheizung möglich.

Teilweise existieren erheblich divergierende Auffassungen über das Ausmaß der in der Bundesrepublik zu realisierenden Energieeinsparungen. Die Ursache hierfür liegt im wesentlichen darin, daß sich die eine Seite an den technisch machbaren, die andere an den ökonomisch sinnvollen Möglichkeiten der Energieeinsparung orientiert. Generell gilt, daß Energiesparen kein Selbstzweck, sondern nur Mittel zum Zweck ist, um Ziele des Umweltschutzes, der Schonung der Ressourcen oder die Sicherheit der Versorgung zu verwirklichen.
Energiesparen ist nicht zum Nulltarif zu haben. Bei der Herstellung von Isolationsmaterialien z. B. ist ein Mehrverbrauch an Rohstoffen und Energie erforderlich, der gegenüber der eingesparten Energie in einem sinnvollen Verhältnis stehen muß. Energie rationell zu nutzen bedeutet, sie so einzusetzen, daß ihr Gesamtaufwand für

die Erzielung derselben Energiedienstleistung unter Beachtung gegebener Bedingungen minimiert wird. Maßgeblich hierfür sind auch die Kosten der einzelnen Produktionsfaktoren. Politische Forderungen nach einer einseitig an technischen Kriterien orientierten Minimierung des Energieverbrauchs mißachten, daß dadurch meist beträchtliche volkswirtschaftliche Folgekosten entstehen, die unter Umständen von einer im internationalen Wettbewerb stehenden Volkswirtschaft nicht getragen werden können.

Politisch vorgegebene Minimierung des Energieverbrauchs oder eine Steigerung der Energiekosten hat häufig die Verlagerung von nicht mehr wettbewerbsfähigen Produktionsprozessen ins Ausland zur Folge. Solcher Standortwechsel entlastet aber lediglich die inländische Energiebilanz, belastet jedoch die Außenhandelsbilanz und verringert nicht den globalen Verbrauch für energieintensive Produktionszwecke. Es gibt zahlreiche Beispiele für Verlagerungen von Industriebetrieben in Schwellen- und Entwicklungsländer mit preiswertem Energieangebot und niedrigen Umweltschutznormen. Der Produktion liegt dort kein rationeller Energieeinsatz zugrunde. Zudem werden in diesen Ländern Umweltbelastungen als Begleiterscheinungen der wachsenden Industrialisierung zur Kenntnis genommen, jedoch als unabänderlich angesehen und kaum aktiv reduziert.

Rationeller und sparsamer Energieeinsatz läßt sich verwirklichen durch:

1. Verhaltensänderungen, um den unnötigen Verbrauch von Energie zu vermeiden, z. B. durch Abschalten einer Maschine in Pausen.
2. Senken des spezifischen Nutzenergiebedarfs, z. B. durch Wärmedämmung und passive Solarenergienutzung bei Gebäuden, durch Fertigungsverfahren, Konstruktionen und Materialien, die auch im Hinblick auf den Energieaufwand optimiert sind.
3. Verbesserte Nutzungsgrade, z. B. durch bessere Steuerung und Regelung, durch verbesserte Energiewandlung, durch kombinierte Prozesse wie Gas-Dampf-Turbinen-Prozesse und Wärme-Kraft-Koppelung, durch hohe Auslastung vorhandener Kapazitäten.

4. Energierückgewinnung, z. B. Wärmerückgewinnung direkt über Wärmetauscher oder mit Wärmepumpen.
5. Verzicht auf mehr oder weniger leicht entbehrliche Energienutzungen, z. B. Wegfall des Sonntagsausflugs mit dem Auto.

Nach 1973 ist in der Bundesrepublik Energie zunehmend effizienter genutzt worden; denn ein rund 30 Prozent höheres reales Bruttosozialprodukt wird heute mit etwa dem gleichen Einsatz an Primärenergie erwirtschaftet. Dazu beigetragen haben der Rückgang energieintensiver Prozesse in den Grundstoffindustrien, die Ausweitung des Dienstleistungssektors und der Einsatz der Elektronik. Nach einer Berechnung der Forschungsstelle für Energiewirtschaft in München wird das mögliche Einsparpotential durch rationellen Energieeinsatz in den nächsten zwei Jahrzehnten bei der Endenergie auf rund 30 Prozent, bei der elektrischen Energie jedoch auf nur rund 5 Prozent veranschlagt. Das Potential bei der elektrischen Energie ist deshalb relativ niedrig, da diese zukünftig verstärkt als Hilfsenergie selbst eine wichtige Voraussetzung für rationelleren Brennstoffeinsatz ist.

Weitere Einsparungen sind in allen Verbrauchssektoren möglich. Ein großes Potential läßt sich insbesondere bei der Raumheizung erschließen. Ein Haus mit guter Wärmedämmung und einer modernen Heizung benötigt heute weniger als die Hälfte an Heizenergie gegenüber einem Haus mit dem Standard des Baujahrs 1970.

Einsatz regenerativer Energieträger

ZUSAMMENFASSUNG:
Die regenerativen Energieträger, eine der wenigen langfristigen Optionen der Menschheit, sind derzeit in größerem Umfang noch nicht wirtschaftlich. Aus technisch-wirtschaftlichen Gründen dürfte das ausschöpfbare Potential national und global in den nächsten beiden Jahrzehnten kaum 10 Prozent des Gesamtenergiebedarfs decken. Im Falle der Bereitschaft, einzelne Techniken massiv und auf Dauer zu subventionieren, würden sich die Chancen entsprechend verbessern.

Neue und erneuerbare Energiegewinnungssysteme auf Basis sog. regenerativer Energieträger werden häufig als die Lösung der anstehenden Energieprobleme gepriesen. Ähnlich wie beim Energieeinsparpotential wird bei derartigen Einschätzungen jedoch nicht unterschieden zwischen dem theoretischen Potential dieser Energieträger, das meist groß ist, und den derzeit noch geringen technisch-ökonomischen Realisierungschancen.
Sonnenstrahlung, Windenergie und Bioenergie haben relativ geringe Energiedichten. Dies muß auch so sein, da sonst ein Großteil des Lebens auf der Erde zerstört würde. Ein großer Nachteil der regenerativen Energieträger ist, daß man große Flächen benötigt, um jene in nennenswerten Mengen zu nutzen. Die dafür zu überbauenden Flächen wiederum erfordern meist einen kostenintensiven Materialeinsatz, der wiederum mit Umweltbelastungen verbunden ist.
Der zweite große Nachteil regenerativer Energieträger sind ihre tages-, jahreszeitlichen und witterungsbedingten Dargebotsschwankungen. Die Energienachfrage der Verbraucher und das Energiedargebot von Sonnenstrahlung und Windenergie fallen häufig zeitlich nicht zusammen. Eine Versorgung auf regenerativer Basis erfordert daher entweder leistungsfähige Energiespeicher oder ein zweites, z. B. mit fossilen Brennstoffen gespeistes System, das in den Zeiten des Ausfalls der regenerativen Energieträger ersatzweise eintritt. Es ist offenkundig, daß hierdurch erhebliche Zusatzkosten entstehen.
Das ausschöpfbare Potential der regenerativen Energieträger in der Bundesrepublik von 15–24 Mio. t SKE im Jahr 2000 (vgl. Tab. 5, S. 19) ist errechnet worden auf Basis hoher Ölpreise. Der Ölpreisverfall der letzten Jahre läßt jedoch befürchten, daß selbst die untere Variante des Potentials in Höhe von 15 Mio. t SKE bis zum Jahr 2000 kaum noch erreicht werden kann, jedenfalls nicht auf wirtschaftlicher Basis.
Zur Ausschöpfung des gesamten Potentials von 24 Mio. t SKE aus regenerativen Energieträgern müßte nach Berechnungen der DIW/ISI-Studie bis zum Jahr 2000 eine große Anzahl neuer Umwandlungstechniken gebaut werden:

Solarkollektor-Anlagen	2 250 000
Solarzellen-Anlagen	30 000
Gas- und Elektrowärmepumpen	2 340 000
Große Windenergieanlagen (3 MW)	500
Kleine Windenergieanlagen (unter 100 KW)	3 450
Große Wasserkraftwerke (10 MW)	20
Kleine Wasserkraftwerke (1 MW)	1 625

Bei den regenerativen Energieträgern dürften in der Bundesrepublik die größte Bedeutung erlangen:

- Laufwasser-Kraftwerke
- Wärmepumpen zur Nutzung der Umgebungswärme,
- Biomassenutzung, vor allem in Form von Vergasung und Verbrennung von organischen Abfällen sowie Müllverbrennung,
- Solarsysteme für Niedertemperaturwärme und
- Windkraftanlagen.

Das Gesamtpotential der regenerativen Energieträger dürfte sich bis zum Jahr 2000 je zu gleichen Teilen auf die Bereitstellung von Niedertemperaturwärme und elektrische Energie aufteilen. Auf Basis des derzeit für das Jahr 2000 erwarteten Energie- und Strombedarfs könnten die regenerativen Energieträger dann etwa 4 Prozent des Energie- und 2 Prozent des Strombedarfs decken.

Die einzelnen Umwandlungstechniken weisen einen unterschiedlichen Entwicklungsstand aus. Technisch weitgehend ausgereift sind Wasserkraftwerke, Solarsysteme für Niedertemperaturwärme, Anlagen zur Biogasgewinnung sowie Wärmepumpen.

Alle regenerativen Energieträger konkurrieren mit den herkömmlichen Brennstoffen. Am Beispiel der Wärmepumpen ist deutlich zu erkennen, welchem Wettbewerbsdruck die regenerativen Energieträger nach 1986 ausgesetzt waren. Da Wärmepumpen Zusatzenergie in Form von Strom oder Gas benötigen, ist ihr wirtschaftliches Potential von deren Preisentwicklung, außerdem aber von den Preisen der Energie, die sie ersetzen, abhängig. Der Rückgang der Ölpreise nach 1986 hat bei den Wärmepumpen zu schweren Markteinbrüchen geführt. Zu Beginn der achtziger Jahre, bei Heizölpreisen von über 0,80 DM/l wurden in der Bundesrepublik jährlich rund 30 000 Wärmepumpen-Anlagen verkauft. Bei

Heizölpreisen von unter 0,40 DM/l waren es 1987 nur 1000 Anlagen.
Photovoltaik- und Windanlagen können bei der Stromerzeugung hinsichtlich der Wirtschaftlichkeit weder gegenüber fossilen Energieträgern noch gegenüber der Kernenergie konkurrieren. Bei der Erzeugung einer kWh elektrischer Energie fallen zur Zeit an Gesamtkosten an:

– Strom aus Windenergie	0,20–0,50 DM/kWh_e
– Strom aus Photovoltaik	2,00–5,00 DM/kWh_e (je nach Anlagengröße)
– Strom aus Kohlekraftwerken	0,20 DM/kWh_e (deutsche Steinkohle im Mittellastbereich, im Grundlastbereich 0,17 Pf/kWh)
– Strom aus Kernkraftwerken	0,14 DM/kWh_e

Erhebliches Entwicklungspotential steckt noch in Photovoltaik-Systemen zur Stromerzeugung. Während die Windenergie bereits relativ nahe am Markt liegt, erwartet man Photovoltaik-Stromkosten unter 0,50 DM/kWh_e erst in ferner Zukunft, wobei die Speicherkosten noch nicht berücksichtigt sind.
Wollte man den Beitrag der regenerativen Energieträger in der Bundesrepublik über den Anteil ausweiten, den der Markt derzeit aufnimmt, so müßte man – und dies ist eine Frage der Güterabwägung in der Gesellschaft – die einzelnen Techniken zum Teil massiv und auf Dauer subventionieren.
Schwierig ist die Abschätzung des zukünftigen globalen Beitrags der regenerativen Energieträger. Hierbei sind die günstigeren klimatischen Randbedingungen in zahlreichen Ländern zu berücksichtigen. Größte Bedeutung dürften die umfangreichen ungenutzten Wasserkraftkapazitäten in Lateinamerika, Asien und Afrika, die Ausnutzung der hohen Sonneneinstrahlung und das große Biomassepotential in vielen südlichen Ländern erlangen. An einzelnen Standorten bieten sich günstige Möglichkeiten, Windenergie, Geothermik und Meeresenergie zu nutzen.
Dem großen Potential dieser Energieträger in einzelnen

Ländern steht die Tatsache gegenüber, daß bei nur wenigen Regierungen die Bereitschaft zur Forschungsförderung und eventuellen Subventionierung regenerativer Energieträger so hoch ist wie in der Bundesrepublik. Demnach werden sie sich in den meisten Ländern erst dann stärker entwickeln, wenn sie mit den fossilen Brennstoffen konkurrieren können.
Eine Studiengruppe der KFA Jülich kommt zu dem Ergebnis, daß bei vorsichtiger Schätzung der Anteil der regenerativen Energieträger bis zum Jahr 2030 weltweit mit rund 10 Prozent relativ gering bleiben dürfte.
Ungeachtet der gegenwärtigen energiewirtschaftlichen Ausgangslage regenerativer Energieträger müßte eine Langfriststrategie für die globale Energieversorgung zum Ziel haben, als Ideal einen Gleichgewichtszustand anzustreben, der überwiegend auf sich erneuernden Energieträgern basiert. Ein solcher Zustand ist heute noch Vision und wird es vielleicht beim gegenwärtigen Verbrauchsniveau auf Dauer bleiben. Kurz- und mittelfristig können die regenerativen Energieträger weder national noch global eine Alternative zu bestehenden Versorgungssystemen darstellen. Regenerative Energieträger sind deshalb additive, keine alternativen Energieträger. Die Chance einer schnelleren Markteinführung könnte sich allenfalls abzeichnen, wenn der Handlungsdruck aufgrund von Umwelt- und Klimaproblemen dazu führen würde, mangelnde Wirtschaftlichkeit in Kauf zu nehmen, oder wenn aufgrund realer oder willkürlicher Verknappung der sonstigen Primärenergieträger deren Preise sehr stark steigen würden. Auszugrenzen sind hier allerdings Brennholz, Müll, Torf u. a., bei deren Verbrennung ebenfalls CO_2-Emissionen entstehen.

Ungelöste Fragen der Kernfusion

Zusammenfassung:
Die Kernfusion ist eine der wenigen Optionen zur langfristigen Energieversorgung der Menschheit. Ihre theoretischen Grundlagen sind bekannt und seit einigen Jahren mit Experimenten untermauert. Die physikalische Machbarkeit der kontrolliert ablaufenden Fusion ist

noch nicht nachgewiesen. Mit kommerziell nutzbaren Fusionsreaktoren wird nicht vor der zweiten Hälfte des nächsten Jahrhunderts gerechnet.

Seit Beginn der Forschung zur zivilen Nutzung der Kernfusion wurden große Hoffnungen geweckt, der Erde eine unerschöpfliche Energiequelle zu erschließen. Der Brennstoff, Deuterium und Tritium, der aus dem Lithium hergestellt werden soll, ist praktisch überall zugänglich und für sehr lange Zeiträume ausreichend. Daher kann die Kernfusion als eine der wenigen Optionen zur langfristigen Energieversorgung der Menschheit angesehen werden.

Die theoretischen Grundlagen der Fusionsenergie sind bekannt und werden seit einigen Jahren experimentell untermauert. Die physikalische Machbarkeit der kontrolliert ablaufenden Fusion mit Netto-Energiegewinn konnte noch nicht nachgewiesen werden. Bei den technologischen Komponenten steht die Forschung noch ganz am Anfang. Für die gesteuerte – also nicht wie bei der Wasserstoffbombe explosionsartig verlaufende – Fusion sind drei Bedingungen erforderlich:

- Eine Zündtemperatur für das sog. Plasma von mindestens 100 Mio. °C,
- eine extrem hohe Teilchendichte des Plasmas von mindestens 100 Mrd. Teilchen pro cm^3,
- eine Einschlußzeit von mehreren Sekunden.

Bisher wurden unabhängig voneinander Zündtemperaturen von 100 Mio. °C, näherungsweise die erforderliche Dichte und eine Einschlußzeit von $\frac{1}{10}$ Sekunde erreicht. Außerordentlich schwierig wird es sein, alle drei Bedingungen gleichzeitig zu erfüllen.

Die notwendige Grundlagenforschung erfordert einen hohen Einsatz an Personal und finanziellen Mitteln. Da einzelne Staaten derart hohe Belastungen nicht tragen können, wird die Fusionsforschung schon seit Jahren mit internationaler Kooperation durchgeführt.

Über den Zeitpunkt eines großtechnischen Einsatzes der Kernfusion schwanken die Auffassungen der Wissenschaft. Vordringliches Ziel bleibt zunächst die Aufgabe, den Nachweis zu erbringen, daß eine kontrollierte Kern-

fusion überhaupt realisierbar ist. Erst dann könnte – nach dem Jahr 2000 – der Bau von Demonstrationsanlagen beginnen. Kommerziell nutzbare Fusionsreaktoren für die Energiewirtschaft werden nicht vor der zweiten Hälfte des nächsten Jahrhunderts für möglich gehalten.
Aussagen über die Kosten der Kernfusion sind heute noch Spekulation. Die Umweltauswirkungen dürften nicht günstiger als bei Kernkraftwerken sein. Zwar ist weder eine Wiederaufarbeitung noch eine Endlagerung von Spaltprodukten notwendig, aber es besteht auch bei der Fusion das Problem der Endlagerung für kontaminierte, regelmäßig auszuwechselnde Prozeßräume und -einbauten.

Nutzung von Wasserstoff

ZUSAMMENFASSUNG:
Wasserstoff ist kein in der Natur vorkommender Primärenergieträger, sondern er muß mit beträchtlichem Energieaufwand erzeugt werden. Die grundlegenden Prinzipien und die technischen Komponenten einer Wasserstoff-Energiewirtschaft sind bekannt. Das Schlüsselproblem für die Einführung von Wasserstoff liegt derzeit noch bei seiner Herstellung. Seine Nutzung als Energieträger und Speichermedium weist sehr günstige Eigenschaften auf. Die Herstellungskosten übersteigen die Preise fossiler Brennstoffe um ein Vielfaches. Neben den regenerativen Energieträgern und der Kernfusion ist eine Wasserstoff-Energiewirtschaft langfristig als dritte denkbare Option für die globale Energieversorgung anzusehen.

Der Wasserstoff ist durch die öffentliche Diskussion der jüngsten Zeit zu einem »Wunschenergieträger« erhoben worden. Wasserstoff selbst ist kein in der Natur vorkommender Primärenergieträger, sondern er muß – nicht anders als etwa Kohlegas oder Kohlebenzin – erst unter beträchtlichem Energieaufwand erzeugt werden.
Zur Herstellung des Sekundärenergieträgers Wasserstoff wird heute vorwiegend die chemische Spaltung von Erdgas und Mineralöl-Produkten eingesetzt. Das Ver-

fahren ist allerdings sehr teuer. Seit langem bekannt ist auch die Gewinnung von Wasserstoff aus Wasser auf dem Wege der Elektrolyse, also unter Einsatz von Strom. Für eine energetische Nutzung ist auch dieses Verfahren derzeit noch unwirtschaftlich.
Prinzipiell hat der Wasserstoff sehr günstige Eigenschaften:
– Bei seiner Verbrennung fällt nur Wasserdampf und je nach Verbrennungsart eine geringe Menge an Stickoxiden an,
– die großklimatischen Wirkungen der Emission von Wasserdampf gelten – verglichen mit dem CO_2-Problem – als weitaus weniger gravierend, obwohl auch sie zu Temperaturerhöhungen führen können,
– seine Erzeugung durch Wasserspaltung ist nicht mit einem irreversiblen Rohstoffverbrauch verbunden,
– die im Wasserstoff gebundene chemische Energie kann durch konventionelle oder durch katalytische Verbrennung mit hohem feuerungstechnischen Wirkungsgrad in thermische Energie umgesetzt werden,
– seine Anwendungspalette ist sehr vielseitig und reicht von der Raumheizung, über die Prozeßwärme und den Verkehrsbereich bis hin zur Stromerzeugung,
– der Transport von Wasserstoff kann leitungsgebunden, aber auch in Behältern erfolgen, es gibt verschiedene Speichermöglichkeiten (z. B. gasförmig, flüssig),
– bei der Wasserstofferzeugung durch Wasserspaltung können alle Stromquellen, auch regenerative Energiequellen und Kernenergie eingesetzt werden.
Die grundlegenden Prinzipien und die technischen Komponenten einer Wasserstoff-Energietechnik sind seit langem bekannt. Derzeit wird jährlich weltweit Wasserstoff mit einem Energieäquivalent von rund 150 Mio. t SKE hergestellt. Energetisch wird der Wasserstoff vorwiegend in der Raumfahrt und – soweit er bei Raffinationsprozessen ohnehin anfällt – zur Prozeßwärmeerzeugung eingesetzt. Eine »sekundenschnelle« Momentanreserve in Kraftwerken auf H_2-Basis befindet sich in der Entwicklung. Überwiegend wird Wasserstoff in der Chemie als Rohstoff genutzt.
Das Schlüsselproblem für die Einführung von Wasser-

stoff als Speichermedium und Energieträger liegt derzeit noch bei seiner wirtschaftlichen und umweltschonenden Herstellung, da der Energieaufwand für Wasserspaltung, Transport, Speicherung und Verteilung bis hin zur Erzeugung der gewünschten Nutzenergie beträchtlich ist.
Am aussichtsreichsten erscheint die technisch gesicherte Option der Elektrolyse, also der Wasserstofferzeugung unter Einsatz von Strom. Dazu müßte jedoch sehr billige elektrische Energie zur Verfügung stehen. Wollte man Wasserstoff, der mit dem elektrolytischen Verfahren aus Photovoltaik hergestellt ist, derzeit für die Raumheizung einsetzen, so kostet er mehr als hundertmal soviel wie Heizöl (bei Heizölpreisen von rund 0,40 DM/l). Angesichts steigender Stromerzeugungskosten besteht auf absehbare Zeit keine Aussicht, daß sich diese Ausgangsbasis in Europa verbessert. Es müßte daher andernorts billige elektrische Energie bereitgestellt werden können. Diskutiert werden Konzepte, wonach man noch nicht ausgeschöpfte Wasserkraftpotentiale beispielsweise in Kanada oder Grönland ausbaut oder in Wüsten- und Brachlandregionen mit hoher Sonneneinstrahlung Systeme zur Erzeugung großer Mengen von Photovoltaikstrom installiert. Gleichzeitig läuft ein konkretes Pilotprojekt in Bayern.
Eine Wasserstoff-Energiewirtschaft auf Basis von Solarenergie und anderen Energieträgern wird derzeit als eine denkbare Option bewertet, die frühestens in einigen Jahrzehnten weltweit größere Mengen fossiler Energie ersetzen könnte, wobei Wasserstoff als Energieträger sowie als Energietransport- und Speichermedium eingesetzt werden würde. Die heutigen Forschungs- und Entwicklungsanstrengungen in der Bundesrepublik seitens des Staates und der Energiewirtschaft erfolgen daher unter dem Aspekt der Vorsorge, das technologische Wissen in diesem Bereich zu erweitern und weitere energiewirtschaftliche Handlungsspielräume zu eröffnen, besonders auch im Hinblick auf den Handlungsbedarf zur Reduzierung der CO_2-Emissionen.

Status der Kernenergie

ZUSAMMENFASSUNG:
Die Kernenergie wird gegenwärtig in den meisten Industriestaaten und in einigen Schwellen- und Entwicklungsländern zur Stromerzeugung genutzt. In den USA, Frankreich, der UdSSR und Japan sind mehr als zwei Drittel der weltweit installierten nuklearen Kapazität konzentriert. Der Stromanteil der Kernenergie ist in einigen Ländern sehr hoch. In den EG-Ländern Frankreich und Belgien decken Kernkraftwerke über zwei Drittel des Strombedarfs ab. Nach dem Reaktorunfall von Tschernobyl wird in einigen europäischen Staaten über den Ausstieg aus der Kernenergie diskutiert. In den COMECON-Staaten schreitet die Planung weiterer Kernkraftwerke zügig voran, der Ausbau liegt etwas zurück. In den Ländern der Dritten Welt hat die Kernenergie derzeit untergeordnete Bedeutung. Hemmnisse sind hier insbesondere die hohen Kosten und die für die kleinen Stromnetze zu groß dimensionierten Blockgrößen der gegenwärtig angebotenen Leichtwasserreaktoren. Neue, kleiner dimensionierte Modul-Kraftwerke könnten hier einen Ausweg bieten.

Kernenergienutzung weltweit

Ende 1988 erzeugten weltweit über 400 Kernkraftwerke über 1700 Mrd. kWh und deckten so ein Sechstel des Weltbedarfs an Elektrizität. Bis zum Jahre 2005 wird nach einer Schätzung der IAEO die nukleare Energieerzeugung weltweit um durchschnittlich 3,6 bis 4,8 Prozent zunehmen. Im COMECON und in den Schwellenländern wird dabei das Wachstum mit rund 8 Prozent doppelt so groß sein wie in den westlichen Industrienationen (knapp 4 Prozent).
Zahlenmäßig führend bei der friedlichen Nutzung der Kernenergie sind die USA. Dort sind über ein Viertel aller Kernkraftwerke der Welt mit fast einem Drittel der Leistung installiert (vgl. hierzu Tab. 11). Auch Frankreich baut seine nuklearen Kapazitäten unvermindert

Tabelle 11: Status der Kernenergie weltweit
(Stand Ende 1988)

Kernkraftwerke	Anzahl	Bruttoleistung
In Betrieb	414	331 094
Im Bau	137	126 809
Bestellt	25	24 421
Gesamt	576	482 324

Aus: atw 3/89, S. 140

aus. UdSSR und Japan sind weitere Staaten mit expansiven Kernenergieprogrammen. In diesen vier Ländern sind mehr als zwei Drittel der weltweit installierten nuklearen Kapazität konzentriert (zur Situation in den einzelnen Ländern vgl. Tab. 12).
In der Europäischen Gemeinschaft (EG) werden in sieben der zwölf Mitgliedsstaaten Kernkraftwerke betrieben. Die Anteile der Kernenergie an der gesamten Stromversorgung sind in den einzelnen Ländern sehr unterschiedlich (gerundete Werte für 1988):

Frankreich	70 %
Belgien	65 %
Spanien	36 %
Bundesrepublik Deutschland	34 %
Großbritannien	18 %
Niederlande	6 %
übrige EG-Länder	0 %
EG gesamt	34 %

Außerhalb der EG nutzen drei weitere Staaten Kernenergie. In Schweden beträgt der Anteil 47 Prozent, in Finnland und in der Schweiz je 38 Prozent.
In Westeuropa setzen am stärksten Frankreich und Belgien auf Kernenergie. In Frankreich deutet alles darauf hin, daß an der bisher verfolgten entschlossenen Kernenergiepolitik festgehalten wird. Die Energiepolitik Belgiens ist nach 1973 gekennzeichnet durch das Ziel, schnellstmöglich die Abhängigkeit von Ölimporten abzubauen.

Tabelle 12: Kernkraftwerke der Welt nach Ländern aufgeschlüsselt (Stand 25. 01. 1989)

Land	in Betrieb[1] Anzahl	in Betrieb[1] Brutto leistung MW	in Bau[2] Anzahl	in Bau[2] Brutto leistung MW	bestellt[2] Anzahl	bestellt[2] Brutto leistung MW	ingesamt Anzahl	ingesamt Brutto leistung MW	Gesamte Atomstrom erzeugung[3] bis 31. 12. 88 GWh brutto
Argentinien	2	988	1	745	–	–	3	1 733	52 230
Belgien	7	5 709	–	–	–	–	7	5 709	304 102
Brasilien	1	657	2	2 618	–	–	3	3 275	7 406
Bulgarien	5	2 760	3	3 000	–	–	8	5 760	108 188
BR Deutschland	24	23 850	1	327	–	–	25	24 177	1 022 655
China	–	–	3	2 289	–	–	3	2 289	–
DDR	5	1 830	6	3 700	–	–	11	5 530	74 516*
Finnland	4	2 296	–	–	–	–	4	2 296	162 788
Frankreich	54	53 445	13	18 148	–	–	67	71 593	1 778 738
Großbritannien	24	13 799	3	2 646	–	–	27	16 445	938 748
Indien	6	1 330	8	1 880	2	470	16	3 680	60 852
Iran	–	–	2	2 586	–	–	2	2 586	–
Italien	2	1 134	1	40	–	–	3	1 174	80 141
Japan	38	29 445	12	11 975	2	2 712	52	44 132	1 443 366
Jugoslawien	1	664	–	–	–	–	1	664	27 861
Kanada	18	12 381	4	3 744	1	685	23	16 810	675 841
Korea (Süd)	8	6 758	1	950	2	2 000	11	9 708	160 928
Kuba	–	–	2	880	–	–	2	880	–
Mexiko	–	–	2	1 350	–	–	2	1 350	–
Niederlande	2	528	–	–	–	–	2	528	59 385
Pakistan	1	137	–	–	–	–	1	137	5 126
Philippinen	–	–	1	650	–	–	1	650	–
Polen	–	–	4	1 860	–	–	4	1 860	–
Rumänien	–	–	5	3 411	–	–	5	3 411	–
Schweden	12	9 868	–	–	–	–	12	9 868	554 917
Schweiz	5	3 034	–	–	2	2 174	7	5 208	235 517
Sowjetunion	56	37 991	43	44 116	12	12 600	111	94 707	1 173 411*
Spanien	10	7 838	–	–	–	–	10	7 838	244 844
Südafrika	2	1 930	–	–	–	–	2	1 930	36 940
Taiwan	6	5 144	–	–	–	–	6	5 144	203 988
Tschechoslowakei	8	3 520	8	5 632	–	–	16	9 152	75 230*
Ungarn	4	1 760	–	–	2	2 000	6	3 760	42 694*
USA	109	102 298	12	14 262	2	1 780	123	118 340	4 891 985
Summe	414	331 094	137	126 809	25	24 421	576	482 324	14 422 397

* Gesamte Atomstromerzeugung bis 30. 11. 88.

1) In den Spalten »in Betrieb« und »insgesamt« sind folgende inzwischen endgültig abgeschaltete Kernkraftwerke nicht mehr berücksichtigt: Bundesrepublik Deutschland: KKN (100 MWe), HDR (25 MWe), KWL (252 MWe), KRB (152 MWe), MZFR (58 MWe), VAK (16 MWe), Frankreich: Chinon-1 (70 MWe), G-2 (40 MWe); Großbritannien: PFR Dounreay (13 MWe), AGR (28 MWe); Italien: Garigliano (150 MWe); Kanada: Gentilly-1 (265 MWe), Douglas Point (218 MWe); : Agesta (12 MWe); Sowjetunion: Tschernobyl-4 (1000 MWe); USA: Peach Bottom-1 (40 MWe), Shippingport (90 MWe), Humboldt Bay (65 MWe), Dresden-1 (180 MWe). Als Kriterium der Inbetriebnahme gilt in dieser Tab. die 1. Stromerzeugung.

2) Ohne stornierte Anlagen.

3) Bei der Atomstromerzeugung sind Lieferungen aus Gemeinschaftskraftwerken in Nachbarländern nicht berücksichtigt.

4) Summendifferenz durch Rundungen.

Aus: atw 3/89, Seite 140

Für die skandinavischen Länder ergibt sich eine differenzierte Situation. Mit dem Ziel der Ölsubstitution betreibt Finnland vier Kernkraftwerke. Das finnische Parlament hat sich für die weitere Nutzung der Kernenergie ausgesprochen. Schweden hat über die friedliche Nutzung der Kernenergie in einer Volksabstimmung entscheiden lassen. Die schwedische Regierung zog aus dem Referendum die Konsequenz, spätestens bis zum Jahre 2010 ihre zwölf Kernkraftwerke stillzulegen.
In Großbritannien war nach den großen Ölfunden in der Nordsee, aber auch wegen der Auseinandersetzung darüber, welche Reaktorlinie zukünftig verfolgt werden soll, beim Ausbau der Kernenergie eine Stagnation eingetreten. Einerseits steht man derzeit in Großbritannien der Kernenergie wieder aufgeschlossener gegenüber, andererseits bleibt abzuwarten, inwiefern Kernenergie im Privatisierungskonzept der britischen Stromwirtschaft ihren Platz finden kann.
In den Niederlanden, die über ausreichende kostengünstige Gasvorkommen verfügen, und in der Schweiz werden Möglichkeiten eines Kernenergieverzichts geprüft und diskutiert. In Italien hat das Parlament trotz sehr hoher Ölabhängigkeit im Sommer 1988 den Ausstieg aus der Kernenergie und den Abriß der drei in Bau befindlichen Kernkraftwerke beschlossen.
Nach langjährigen Auseinandersetzungen über einen etwaigen weitergehenden Ausbau der Donaukraftwerke wurde in Österreich das Kernkraftwerk Zwentendorf erstellt. Der Reaktor war 1978 betriebsbereit. In einer Volksabstimmung im November 1978 entschieden sich 50,47 Prozent der Bevölkerung gegen die Kernenergie, worauf der betriebsbereite Reaktor »eingemottet«, d. h. konserviert wurde.
In den USA sind die ursprünglichen Erwartungen über den weiteren Ausbau der Kernenergie bis zur Jahrhundertwende mittlerweile stark reduziert worden, da in den vergangenen Jahren eine Reihe von Projekten storniert wurde. Die wesentlichen Ursachen waren der rückläufige Stromverbrauchszuwachs und die Kostensteigerungen im Kraftwerksbau, von denen in den USA Kernkraftwerke stärker als Kohlekraftwerke betroffen waren.

Dadurch hatte sich die Wirtschaftlichkeit der Kernenergie gegenüber der billigen amerikanischen Kohle in einigen Regionen verschlechtert, denn in elf Bundesstaaten bestand ein Kostenvorteil für die Kohle, in zwölf anderen war die Kernenergie wirtschaftlicher, in den restlichen waren die Kosten vergleichbar hoch.
Als ein Industrieland mit rund 90 Prozent Einfuhrabhängigkeit im Energiebereich wurde in Japan bereits in den sechziger Jahren ein expansives Kernenergieprogramm aufgelegt. Der zügige Ausbau der Kernenergie war möglich, da von seiten des Staates und der Betreiber dem vor dem historischen Hintergrund (Hiroshima und Nagasaki) besonders ausgeprägten nuklearen Sicherheitsbegehren der japanischen Bevölkerung große Aufmerksamkeit gewidmet wurde. Behutsamkeit und Pragmatismus bei der Werbung um Akzeptanz der Kernenergie durch die Bevölkerung haben dazu geführt, daß die Kernenergiedebatte in Japan nicht ideologisch verläuft, sondern sich auf konkrete Fragen der Sicherheit kerntechnischer Anlagen konzentriert, deren Klärung im Rahmen von Bürgerdialogen gesucht wird. Auch nach dem Unfall in Tschernobyl ist in Japan eine positive Einstellung zur Kernenergie geblieben.
Expansiv sind die Ausbaupläne in den COMECON-Ländern, wo die Kernenergiepolitik entscheidend durch die UdSSR bestimmt wird, die über das Monopol bei Reaktorentwicklung, Brennstoff-Anreicherung und Wiederaufarbeitung verfügt. Beim Ausbau der Kernenergie arbeiten die COMECON-Länder eng zusammen, was in einer straff gelenkten und standardisierten Fertigung zum Ausdruck kommt.
In der Sowjetunion war am Ende der Planperiode 1981–1985 eine Kernenergiekapazität von 39 000 MW vorgesehen. Fertiggestellt werden konnten jedoch nur 29 000 MW. Das Unglück in Tschernobyl hat die sowjetischen Ausbaupläne weiter zurückgeworfen. Der Unfall hat jedoch zu keinem grundlegenden Kurswechsel in der sowjetischen Kernenergiepolitik geführt. Derzeit erzeugen die sowjetischen Kernkraftwerke rund ein Zehntel der Stromproduktion.
Auch in den anderen Mitgliedsländern des COMECON

sind die Ausbaupläne durch Planrückstände gekennzeichnet. Nach mehrmaligen Korrekturen der Planziffern gilt als jüngste Zielgröße, daß bis zum Jahre 2000 eine Kernenergie-Gesamtleistung von 50 000 MW in diesen Ländern installiert sein soll. Der Anteil des Kernenergiestroms an der Stromversorgung soll dann 30–40 Prozent betragen.
In den Schwellen- und Entwicklungsländern hat die Kernenergie für die Stromversorgung derzeit untergeordnete Bedeutung. Gemessen an den weltweit installierten Kapazitäten beträgt der Anteil dieser Ländergruppe rund 5 Prozent. In sieben Ländern sind bereits Reaktoren in Betrieb, wobei in Südkorea und Taiwan jeweils schon über 5 000 MW Kernenergie installiert wurden. Weitere Schwellenländer stehen vor der Inbetriebnahme ihres ersten Reaktors.
Problematisch für die Länder der Dritten Welt ist, daß bei den derzeit angebotenen Leichtwasserreaktoren sich die Rentabilitätsgrenze für einen wirtschaftlichen Betrieb auf Blockgrößen von über 1 000 MW verschoben hat. Derartige Großanlagen übersteigen die finanziellen Möglichkeiten dieser Länder. Zudem sind sie für die dortigen Stromnetze meist zu groß, denn um die Sicherheit der Stromversorgung zu gewährleisten, sollte nach Empfehlungen der IAEO ein Kraftwerk nicht mehr als zehn Prozent der Netzkapazität auf sich vereinigen. Die meisten Länder der Dritten Welt verfügen jedoch nur über kleine Netze. Einen Ausweg aus dieser Situation könnten die neuen, kleiner dimensionierten Kraftwerkstypen auf Modul-Basis ermöglichen.

Stand der Kernenergienutzung in der Bundesrepublik Deutschland

ZUSAMMENFASSUNG:
In der Bundesrepublik Deutschland besteht angesichts der erwarteten Entwicklung der Stromnachfrage in den nächsten Jahren kein Bedarf an neuen Kernkraftwerken. Mit den 21 kommerziell betriebenen Anlagen wird der Anteil der Kernenergie an der öffentlichen Stromversorgung rund 40 Prozent betragen. In den vergangenen Jahren erzielten die deutschen Anlagen hohe Verfügbarkei-

ten und boten damit die Voraussetzung für einen wirtschaftlichen Betrieb der Reaktoren.

Die Kernenergieentwicklung blickt in der Bundesrepublik auf nunmehr fünf Generationen verschiedener Reaktoren zurück. Es begann Anfang der sechziger Jahre mit den ersten Versuchsreaktoren und Demonstrationskraftwerken. Ihnen folgten Ende der sechziger Jahre kleinere, ab Mitte der siebziger Jahre größere kommerzielle Anlagen bis hin zur Baureihe der Konvoi-Kraftwerke, die Anfang der achtziger Jahre aufgelegt wurde.
Im Jahre 1988 waren in der Bundesrepublik mittlerweile 24 Kernkraftwerksblöcke mit einer Bruttoleistung von über 23 500 MW in Betrieb. Einundzwanzig davon sind kommerzielle Anlagen (vgl. Tab. 13). Angesichts des in den vergangenen Jahren zügig erfolgten Kernenergieausbaus wird der Anteil der Kernenergie an der Stromerzeugung voraussichtlich auf über 40 Prozent ansteigen (1988: 39,3 Prozent Anteil bei der öffentlichen Versorgung). Die Kernenergie wird dann überwiegend den Grundlastbereich abdecken. Aufgrund der in den kommenden Jahren zu erwartenden Entwicklung des Strombedarfs besteht nach den letzten Inbetriebnahmen zunächst kein Bedarf an neuen Anlagen.
Die Kernkraftwerke in der Bundesrepublik erzielten im Jahre 1988 erneut hohe Verfügbarkeiten und ermöglichten damit einen wirtschaftlichen Betrieb. Die Zeitverfügbarkeit betrug 1988 83,9 Prozent, d. h. die Blöcke waren rund 7 300 von 8 760 Jahresstunden in Betrieb. Zu berücksichtigen ist hierbei, daß für den üblicherweise jährlich stattfindenden Brennelementwechsel, die Revision und die Sicherheitsüberprüfung rund 10 Prozent der Jahresstunden zu veranschlagen sind. Die hohen Verfügbarkeiten der bundesdeutschen Kernkraftwerke prägen damit den internationalen Maßstab.

Tabelle 13: Betriebsergebnisse der Kernkraftwerke in der Bundesrepublik Deutschland im Jahre 1988

	Nenn-leistung brutto in MW	Zeit-verfüg-barkeit in %*) 1988	Arbeits-verfügbar-keit in %*) 1988
Versuchskraftwerke			
AVR Jülich	15	62,6	54,9
KNK Karlsruhe	20	0	0
Leistungskraftwerke			
KWO Obrigheim	357	88,8	88,0
KKS Stade	672	84,5	82,7
KWW Würgassen	670	90,4	87,6
Biblis A	1204	75,1	72,5
Biblis B	1300	75,6	74,9
GKN-1 Neckarwestheim	855	77,1	75,5
KKB Brunsbüttel	806	89,8	85,4
KKI-1 Isar	907	87,4	82,3
KKI-2 Isar	1370	96,4	94,8
KKU Unterweser	1300	86,8	85,0
KKP-1 Philippsburg	900	85,6	83,7
KKP-2 Philippsburg	1349	87,2	86,5
KKG Grafenrheinfeld	1300	86,6	84,3
KKK Krümmel	1316	91,3	90,1
KRB-B Gundremmingen	1300	87,7	83,7
KRB-C Gundremmingen	1308	89,8	88,3
KWG Grohnde	1366	92,3	90,8
THTR-300 Uentrop	307	52,4	40,9
Mülheim-Kärlich	1246	76,2	75,2
KBR Brokdorf	1383	86,1	85,2
KKE Emsland	1314	96,7	96,5
		83,9	81,31

*) auf Nettobasis

Aus: Pressemitteilung Nr. 02/89 des Deutschen Atomforum e. V., Bonn

Akzeptanzprobleme der Kernenergie

Vorbemerkungen

Kritik an technischen Entwicklungen ist nicht neu. Aus dem 19. Jahrhundert ist der mannigfache Widerstand beispielsweise gegen die Installation von Gaslaternen oder die Einführung der Eisenbahn bekannt. Kaum eine Technik hat in der Bundesrepublik jedoch so viele öffentliche Debatten hervorgerufen und so massiven Widerstand ausgelöst wie die Kerntechnik.
Die Argumente der Kernenergiegegner zielen besonders auf Sicherheit und Entsorgung von Kernkraftwerken sowie auf die Gefahr ihres Mißbrauchs. In der Auseinandersetzung zwischen Kernenergiebefürwortern und -gegnern ist in der Bundesrepublik auch kein Ende abzusehen, da die Ablehnung teilweise ideologisch motiviert ist. Den Kernenergiegegnern kommt dabei zu Hilfe, daß der Bevölkerung die Angst vor theoretisch möglichen größeren Unfällen nicht genommen werden kann, wodurch eine rationale Risikoabwägung der einzelnen Energieträger in der Öffentlichkeit kaum auf Gehör stößt. Zudem sieht sich der Orientierung suchende Bürger dem Einfluß einer Medienlandschaft ausgesetzt, die in Einzelfällen phantasiereich genug und willens ist, Horrorvisionen zu entwerfen, die kaum Berührung mit der Realität aufweisen und die Furcht der Menschen verstärken.
Demgegenüber stehen die berechtigten Ängste der Menschen angesichts des hohen Gefährdungspotentials kerntechnischer Anlagen. Verständlich ist, daß die Furcht auch dann nicht geringer wird, wenn Fortschritte bei der Reaktorsicherheit erzielt werden. Es bleibt die Frage: Was ist mit den Anlagen, die noch nicht über diese Sicherheitseinrichtungen verfügen? Ist deren Sicherheitskonzept anders oder ist das verbleibende Risiko größer als bei den neuesten Anlagen?
Harrisburg, Tschernobyl, der Skandal um Transnuklear und der Störfall in Biblis sind Marksteine für die öffentliche Meinung zur Kernenergie in der Bundesrepublik

Deutschland. In allen vier Fällen hat menschliches Fehlverhalten eine entscheidende Rolle gespielt. Harrisburg und Tschernobyl waren weit entfernt von uns. Transnuklear und Biblis jedoch haben das »human capital« der Kernenergiewirtschaft in der Bundesrepublik, das bis dahin ein Grundpfeiler des Vertrauens war, erheblich erschüttert. Das Resultat kann nur sein, die erkannten Probleme an der sensiblen Schnittstelle Mensch/Maschine weiter zu verbessern, sei es durch Automation, sei es durch verschärfte Kontrollen.

Das folgende Kapitel setzt sich mit den zentralen Streitpunkten Sicherheit und Entsorgung kerntechnischer Anlagen sowie Mißbrauch der zivilen Nutzung der Kernenergie auseinander, deren Bewertung eine entscheidende Voraussetzung dafür ist, eine Risikoabwägung zwischen den einzelnen Energieträgern vornehmen zu können.

Sicherheit kerntechnischer Anlagen in der Bundesrepublik Deutschland

ZUSAMMENFASSUNG:
Aufgrund des großen Gefährdungspotentials von Kernkraftwerken werden an deren Sicherheitstechnik extrem hohe Anforderungen gestellt. Das Sicherheitskonzept der Anlagen in der Bundesrepublik sieht vor, umfassende Vorsorgemaßnahmen zur Gewährleistung einer höchstmöglichen präventiven Sicherheit zu treffen. Dazu werden die radioaktiven Stoffe durch hintereinander liegende Barrieren eingeschlossen. Trotz der umfassenden Sicherheitsmaßnahmen verbleibt ein Restrisiko aufgrund theoretisch denkbarer Ereignisabläufe, deren Eintreten jedoch extrem unwahrscheinlich ist. Zur weiteren Verringerung des Restrisikos ist in den letzten Jahren ein anlageninterner Notfallschutz entwickelt worden. Die Kernkraftwerke in der Bundesrepublik weisen über viele Jahre hinweg eine hohe Verfügbarkeit und eine positive Sicherheitsbilanz auf. Der Unfall in Tschernobyl hat deutlich gemacht, daß die Reaktorsicherheit international auf höheres Niveau gebracht werden muß. Die Ost-West-Zusammenarbeit zeigt hier positive Ansätze.

In Kernkraftwerken, Wiederaufarbeitungsanlagen und Lagern für radioaktive Abfallstoffe befinden sich große Mengen radioaktiven Materials. Selbst wenn nur ein geringer Teil davon in die Umgebung entweichen würde, ergäben sich schwere gesundheits- und lebensbedrohende Gefahren für den Menschen und die Umwelt. Damit dieses Gefährdungspotential zu keiner tatsächlichen Gefahr führt, sind alle kerntechnischen Anlagen in der Bundesrepublik Deutschland mit einem umfassenden System von Sicherheitsmaßnahmen ausgestattet.
Um ein Höchstmaß an Sicherheit zu erreichen, geht man bei der friedlichen Nutzung der Kernenergie einen Weg, der sonst in Wissenschaft und Technik nicht üblich ist. Statt erst aus technischen Pannen und ihren Folgen Lehren zu ziehen, unterstellt man von vornherein die Möglichkeit von Störungen bis hin zu schwersten Störfällen. Eine detaillierte Störfalleitlinie listet eine Vielzahl möglicher Störfälle auf, die von den Anlagen nachweislich beherrscht werden müssen und bei deren Auftreten die gesetzlich zulässige Strahlenexposition in der Umgebung einer Anlage nicht überschritten werden darf.
Bisher entwickelte man eine Technik in der Regel dadurch, daß man aus Mängeln und Fehlern Erfahrungen für Verbesserungen sammelte. Dieser Weg des Erlernens ist bei allen konventionellen Energietechniken beschritten worden und hat immer wieder zu schweren Unfällen durch Kessel- und Gasexplosionen, Unglücksfällen auf Ölbohrinseln, Staudammbrüchen u.a. geführt.
In der Reaktortechnik kann dieser Weg nicht beschritten werden, denn die Prozesse, die in einem Reaktor stattfinden, dürfen wegen der damit verbundenen Gefahren nicht außer Kontrolle geraten. Die Entwicklung der Kernenergie für zivile Zwecke ist daher von Anfang an durch ein extremes Sicherheitsdenken gekennzeichnet. Grundlage dieser Sicherheitsphilosophie ist die systematische Analyse denkbarer Störungen beim Betrieb von Kernenergieanlagen.
Ein Kernkraftwerk hat ein großes Gefährdungspotential, das im wesentlichen aus den im Reaktorkern

vorhandenen radioaktiven Spaltprodukten besteht. Bei Kernkraftwerken werden daher folgende Grundanforderungen an die Sicherheitstechnik gestellt:

– Der Reaktor muß jederzeit sicher abgeschaltet werden können und im abgeschalteten Zustand verbleiben.

– Auch nach der Reaktorabschaltung muß die Abfuhr der noch entstehenden Nachzerfallswärme langfristig sichergestellt werden.

– Radioaktive Stoffe müssen möglichst vollständig innerhalb des Kernkraftwerks zurückgehalten werden.

Bereits bei der Entwicklung und Konstruktion von Kernkraftwerken hat man durch die Nutzung physikalischer Gesetzmäßigkeiten günstige Sicherheitseigenschaften erzielt. Diese werden durch umfassende weitere technische Sicherheitsmaßnahmen ergänzt. Insgesamt liegt damit ein Schutzkonzept vor, das die radioaktiven Stoffe im Kernkraftwerk durch mehrere hintereinander liegende Barrieren einschließt:

– Das Kristallgitter des Kernbrennstoffs, das den größten Teil der Spaltprodukte bindet (1. Barriere).

– Die Brennstabhüllrohre, die den Kernbrennstoff umschließen und gasdicht verschweißt sind (2. Barriere).

– Der Reaktordruckbehälter, der aus rd. 25 cm starkem Spezialstahl gefertigt ist, einschl. der Rohrleitungen des Reaktorkühlkreislaufes (3. Barriere).

– Der Sicherheitsbehälter aus Stahl, der die gesamte Reaktoranlage umschließt. Er ist so konzipiert, daß alle Belastungen aufgenommen werden, die bei Störfällen in der Reaktoranlage auftreten können und die nicht bereits von den vorgelagerten Barrieren aufgehalten wurden (4. Barriere).

– Die äußere Stahlbetonkuppel (Reaktorgebäude), die den Sicherheitsbehälter umschließt. Die bis zu 2 Meter dicke Wandung des Reaktorgebäudes schützt die Anlage gegen Einwirkungen von außen (z. B. Explosionen, Flugzeugabsturz). Zugleich schirmt sie Direktstrahlung aus dem Inneren bei Störfällen ab (5. Barriere).

Unter Sicherheitsgesichtspunkten lassen sich für Kernkraftwerke vier Situationen unterscheiden:

– Zum ersten der bestimmungsgemäße Betrieb: Die Anlage funktioniert normal.

– Zum zweiten der gestörte Betrieb: Auftretende Störungen werden von den automatisch arbeitenden Regel- und Schutzsystemen beherrscht, so daß Störfälle verhindert werden.
– Zum dritten Störfälle, bei denen der Anlagenbetrieb aus sicherheitstechnischen Gründen nicht fortgeführt werden kann, für die die Anlage jedoch ausgelegt ist, so daß Freisetzungen von radioaktiven Stoffen für die Umgebung im Rahmen der gesetzlichen Grenzwerte bleiben. Daher sind Kernkraftwerke mit umfangreichen Sicherheitseinrichtungen ausgerüstet, die vom Reaktorschutzsystem automatisch aktiviert werden.
– Über die Störungen und Störfälle hinaus besteht zum vierten ein Bereich sog. »denkbarer Ereignisabläufe«, die bei der Auslegung von Kernkraftwerken nur noch mittelbar berücksichtigt werden und für die von den Genehmigungsbehörden der Nachweis des vollständigen Einschlusses der Radioaktivität nicht mehr verlangt wird, weil ihr Eintreten als extrem unwahrscheinlich bewertet wird. Zu derartigen Situationen mit Auswirkungen auf den Bereich außerhalb des Kraftwerks würde es kommen, wenn die für die Störfallbeherrschung notwendigen Sicherheitsfunktionen längerfristig ausfallen würden, also z. B. das vollständige Versagen aller Nachkühlsysteme. Die Folgen derartiger hypothetischer Ereignisse stellen nach allen bisher bekannten Tatsachen das sog. »Restrisiko« aus dem Betrieb von Kernkraftwerken dar. Bei einem solchen Unfall würden die gesetzlich festgelegten Grenzwerte für die Freisetzung radioaktiver Stoffe an die Umgebung überschritten werden.
Den vier Situationen Normalbetrieb, gestörter Betrieb, Störfall und Unfall können vier Sicherheitsebenen zugeordnet werden:

1. Sicherheitsebene (Normalbetrieb):
Qualitätsgewährleistung
Die Qualitätsgewährleistung wird durch die hohen Anforderungen an Auslegungsstandard und Qualität der nuklearen Anlagenteile sichergestellt. Hierzu zählen z. B. umfassende Qualitätssicherungen bei der Fertigung von Komponenten und bei der Errichtung der Anlage so-

wie ständig wiederkehrende Prüfungen während ihrer gesamten Laufzeit.

2. Sicherheitsebene (gestörter Betrieb):
Begrenzung von Störungen
Mehrfach gestaffelte Regel- und Schutzeinrichtungen haben die Aufgabe, mögliche Unregelmäßigkeiten, z. B. kurzfristige Druckerhöhungen, rechtzeitig zu erkennen und Maßnahmen einzuleiten, um diese Störungen zu begrenzen.

3. Sicherheitsebene (Störfall):
Beherrschung von Störfällen
Kommt es z. B. durch den Bruch einer Kühlmittelleitung zu einem Störfall, so löst das Reaktorschutzsystem automatisch Sicherheitsmaßnahmen aus, um zu gewährleisten, daß die Integrität der beiden ersten Barrieren nicht durch Überhitzen verletzt wird. Somit bleiben die radioaktiven Spaltprodukte innerhalb des Kraftwerks eingeschlossen.

4. Sicherheitsebene (Unfall):
Anlageninterner Notfallschutz und Schutzmaßnahmen außerhalb des Kraftwerks

Die Sicherheitsreserven westlicher Kernkraftwerke wurden seit dem Beginn der kommerziellen Nutzung der Kernenergie intensiv erforscht. Die Ergebnisse zeigen, daß die westlichen Kernkraftwerke über die nachgewiesenen Auslegungsgrenzen hinaus noch über hohe Sicherheitsreserven verfügen. Daher geht man heute davon aus, daß selbst dann, wenn Sicherheitseinrichtungen im Anforderungsfall nicht wie vorgesehen eingreifen, Maßnahmen eingeleitet werden können, mit denen ein Schaden begrenzt und eine Freisetzung radioaktiver Stoffe in größerem Ausmaß verhindert wird. Diese sogenannten internen Notfallschutzmaßnahmen werden auch als »Accident Management« bezeichnet. Ziel dieser Maßnahmen ist primär, Kernschäden zu verhindern. Sie lassen sich in präventive und dämpfende Maßnahmen unterteilen.

Ein Beispiel für eine präventive Maßnahme ist eine bessere Schulung des Personals für extreme Notsituationen, um trotz Ausfall wichtiger Systeme den Reaktor in einen stabilen Zustand zu überführen. Eine dämpfende Maßnahme sieht z. B. vor, ein Versagen des Sicherheitsbehälters zu verhindern. Dazu werden alle deutschen Kernkraftwerke mit Vorrichtungen versehen, die eine kontrollierte Druckentlastung des Sicherheitsbehälters zulassen. Die anfallenden radioaktiven Stoffe werden über Filtersysteme zum größten Teil abgefangen. Mit Meßeinrichtungen wird die in die Umgebung freigesetzte Aktivität überwacht.

Die Staffelung der Sicherheitsebenen trägt der Bedeutung der Sicherheitseinrichtungen Rechnung. Von ihrer Zuverlässigkeit hängt ab, ob Störfälle verhindert bzw. in ihren Auswirkungen begrenzt werden können. Die Zuverlässigkeit des Sicherheitssystems wird gewährleistet durch folgende Sicherheitsprinzipien:

– Inhärente Sicherheit: Durch Konstruktion und Brennstoffart hat der Reaktor die Eigenschaft, einer übermäßigen Erhitzung (einem »Durchgehen«) von selbst entgegenzuwirken.

– Redundanz: Das gesamte Sicherheitssystem mit Notkühl-, Notstromeinrichtungen u. ä. ist mehrfach vorhanden.

– Diversität: Wichtige Elemente der Sicherheitssysteme arbeiten nach physikalisch unterschiedlichen Prinzipien oder sind technisch verschiedenartig konstruiert.

– Räumliche Trennung: Wichtige redundante Einrichtungen der Sicherheitssysteme werden räumlich voneinander getrennt.

– Fail-safe-Prinzip: Es wird angestrebt, die Sicherheitssysteme so zu konstruieren, daß bei Ausfällen die Anlage von selbst in einen sicheren Zustand überführt wird.

– Automation: Hoher Automatisierungsgrad für die Störfallbeherrschung zur Entlastung des Bedienungspersonals.

Die Verfügbarkeiten der deutschen Kernkraftwerke lagen in den letzten Jahren im internationalen Vergleich regelmäßig mit an der Spitze. Die Zahl störungsbeding-

ter Abschaltungen war gering. Die für die Öffentlichkeit wohl spektakulärste Störung ereignete sich im Kernkraftwerk Biblis (Block A) im Dezember 1987. Jedoch wurden in keinem Fall die für den Normalbetrieb festgelegten gesetzlichen Grenzwerte überschritten. Die hohe Verfügbarkeit ist auch ein wesentliches Indiz für den guten Sicherheitszustand der deutschen Kernkraftwerke.
Viele Jahre wurde die jährliche positive Sicherheitsbilanz in der Bundesrepublik als selbstverständlich vorausgesetzt und in der Öffentlichkeit auch als beruhigend gewürdigt. Diese Einstellung hat sich durch den Unfall in Tschernobyl und den Störfall in Biblis grundlegend verändert. Die Sicherheit von Kernkraftwerken steht heftiger denn je zur Diskussion.
Die neu erwachten Bedenken haben die Ansprüche an die technische Sicherheit bundesdeutscher Anlagen weiter erhöht. Theoretisch läßt sich die Zuverlässigkeit technischer Systeme durch zusätzliche Sicherheitseinrichtungen bis zu einem sehr hohen Grad steigern. Eine Grenze wird dann erreicht, wenn durch die Störanfälligkeit der Sicherheitseinrichtungen selbst für das Gesamtsystem kein Zuwachs an Zuverlässigkeit mehr erreicht wird. Eine theoretisch denkbare hundertprozentige Zuverlässigkeit technischer Systeme ist demnach prinzipiell unerreichbar.
Daher müssen Sicherheitseinrichtungen und Gefährdungspotential in einem sinnvollen Verhältnis zueinander stehen. Alle energietechnischen Einrichtungen weisen bestimmte Gefährdungspotentiale auf, und selbst bei Verzicht auf alle Technik wäre das Gefährdungspotential für die lebenden Organismen, insbesondere für den Menschen, nicht gleich Null.
Bei Verzicht auf die Kernenergie müßten, zumindest teilweise, andere Technologien die benötigten Energiedienstleistungen erbringen. Nach allgemein anerkannten Grundsätzen der Ethik ist eine Technik dann verantwortbar, wenn durch sie insgesamt keine Vergrößerung des Gesamtrisikos eintritt. (Das Gesamtrisiko ist definiert als Summe aller Einzelrisiken und das Einzelrisiko als Produkt aus Schadensfall und Wahrscheinlichkeit seines Eintreffens.) Da der theoretische Schadensfall beim Ver-

sagen einer kerntechnischen Anlage sehr groß werden kann, muß seine Eintrittswahrscheinlichkeit sehr gering gehalten werden.
Der Vergleich von Gefährdungspotentialen und Risiken ist für die meisten Menschen ungewohnt und unangenehm, auch weil er deutlich macht, in welch großem Ausmaß und wie bereitwillig sonstige zivilisatorische Risiken akzeptiert werden. Jedoch auch die Ablehnung eines erkannten Risikos ist nicht gleichbedeutend mit seiner Vermeidung.
Die Sicherheitsphilosophie der zivilen Nutzung der Kernenergie geht davon aus, daß das verbleibende Restrisiko auf Basis der vorhandenen Sicherheitstechnik im Rahmen sonstiger bestehender Risiken tragbar ist.
Vorhandene Sicherheitstechnik heißt jedoch nicht, daß man sich mit dem bereits erreichten Niveau zufriedengibt. Ihre Weiterentwicklung war schon immer eine vom Gesetzgeber den Reaktorherstellern und -betreibern gestellte Aufgabe, auch für die in Betrieb befindlichen Kernkraftwerke. Alle kerntechnischen Anlagen in der Bundesrepublik müssen sich regelmäßig wiederkehrenden Prüfungen durch die Behörden unterziehen. Vor der ersten Inbetriebnahme eines Kernkraftwerks muß der spätere Betreiber der Anlage einen Rahmenprüfplan erstellen. Dieser regelt unter anderem Art, Umfang und Häufigkeit der Kontrollen. Mit fortschreitender Betriebsdauer wird der Rahmenplan infolge der mittlerweile gewonnenen Erfahrungen an den neuesten Stand der Sicherheitstechnik angepaßt.
Erkenntnisse für Weiterentwicklungen werden im wesentlichen aus zwei Quellen gespeist: Der Sicherheitsforschung und den Erfahrungen aus knapp 30 Jahren Betrieb von Kernkraftwerken. Durch die detaillierte Erfassung und Auswertung von Betriebserfahrungen werden in der Bundesrepublik ständig neue Erkenntnisse gewonnen, mit denen die Sicherheitssysteme weiter optimiert werden.
Durch den Unfall in Tschernobyl ist offenkundig geworden, daß es nicht ausreicht, den sicheren Betrieb der Kernkraftwerke im eigenen Lande zu gewährleisten, vielmehr wurde die internationale Bedeutung der Reak-

torsicherheit drastisch bewußt. Nach dem Unfall fehlte es auch nicht an Absichtserklärungen aller Regierungen, enge Kooperationen bei der Weiterentwicklung und Koordination der Reaktorsicherheit einzugehen. Die Ostblockländer haben sehr rasch nach dem Unfall damit begonnen, die Sicherheit ihrer Reaktoren zu überprüfen und diese nachzurüsten.

Will man zukünftig trotz unterschiedlicher Reaktorkonzepte ein international gleichwertiges, hohes Sicherheitsniveau erreichen, so muß besonders der wissenschaftlich-technischen Ost-West-Zusammenarbeit große Bedeutung zukommen. Anders als bei der Zusammenarbeit mit westlichen Industrieländern kann man mit den Ostblockländern nicht auf einem über Jahrzehnte gewachsenen Verständnis nationaler Standards in sicherheitstechnischen Fragen und einer weitgehend identischen Sicherheitsphilosophie aufbauen. Daher wird man den osteuropäischen Staaten Forschungsergebnisse und Know-how zur Verfügung stellen müssen, um durch wissenschaftlich-technische Kooperation eine Erhöhung der Anlagensicherheit zu ermöglichen. Erste Erfolge der Zusammenarbeit sind die jüngsten Abkommen über wissenschaftlich-technische Zusammenarbeit im Nuklearbereich, über gegenseitige Hilfeleistungen und über sofortige Information bei Störfällen.

Harrisburg, Tschernobyl, Transnuklear und Biblis: Fakten und Bewertung

ZUSAMMENFASSUNG:
Für die Akzeptanz der Kernenergie in der Bundesrepublik waren die Ereignisse in Harrisburg, Tschernobyl, Transnuklear und Biblis Marksteine. Ursache und Wirkung waren in allen vier Fällen unterschiedlich. Aufgrund dieser Ereignisse ist in der Öffentlichkeit der Bundesrepublik der Widerstand gegen die Kernenergie gewachsen. Die Vorfälle belegen, daß in der Kerntechnik die Schnittstelle Mensch/Maschine weiter optimiert werden muß.

Harrisburg, Tschernobyl, Transnuklear und Biblis wurden als Marksteine für die Kernenergie und ihre Akzep-

tanz in der Bundesrepublik Deutschland bezeichnet. Was waren hier die Fakten?
Im Kernkraftwerk TMI-2 bei Harrisburg/USA kam es 1979 durch Bedienungsfehler zum bisher schwersten Störfall in einem kommerziellen Kernkraftwerk der westlichen Welt. Der Reaktorkern wurde weitgehend zerstört, der Sicherheitsbehälter blieb jedoch dicht, und es kam nur zu einer geringfügigen Freisetzung von Radioaktivität. Menschen wurden nicht verletzt. Die Untersuchung des Störfalls zeigte Mängel bei der Ausbildung der Bedienungsmannschaft und der Instrumentierung des Leitstandes, die beseitigt worden sind.
Tschernobyl hat deutlich gemacht, was ein großer Reaktorunfall bedeuten kann. Der Unfall forderte über 30 Tote durch akute Strahlenkrankheit und wird nach Schätzungen in der Sowjetunion in den nächsten 50 Jahren zu zahlreichen weiteren Todesfällen durch Krebs infolge von Strahlenbelastung führen, ohne allerdings das sonstige zivilisatorische Krebsrisiko signifikant zu erhöhen. Der materielle Gesamtschaden beträgt etwa 30 Mrd. DM, die insbesondere durch die Um- und Neuansiedlung von über 100 000 Menschen entstanden sind. Durch die Zerstörung des Reaktorgebäudes kam es zu großflächigen, grenzüberschreitenden Freisetzungen von radioaktiven Spaltprodukten. In der Bundesrepublik war die Strahlenexposition regional unterschiedlich. In den Gebieten südlich der Donau war sie relativ hoch, während sie nördlich der Donau weit unterhalb der Schwankungsbreiten der natürlichen Strahlenexposition lag.
In den Auseinandersetzungen um Schlußfolgerungen aus dem Unfall in Tschernobyl wurde selten die Tatsache berücksichtigt, daß der dort eingesetzte Reaktortyp in der Bundesrepublik keine Genehmigung erhalten hätte und bei seinem Betrieb grundlegende Sicherheitsanforderungen vernachlässigt worden waren. Dennoch ordnete der Bundesumweltminister an, die Sicherheit der Reaktoren auf Basis der Erkenntnisse aus dem Unfall in Tschernobyl erneut zu überprüfen. Die Bewertung des Unfalls hat aber erwartungsgemäß ergeben, daß im Hinblick auf die Sicherheit deutscher Kernkraftwerke keine unbekann-

ten oder in der Sicherheitsforschung nicht berücksichtigten Phänomene zu verzeichnen waren.
Zu einem Skandal kam es, als Ende 1987 bekannt wurde, daß einzelne Mitarbeiter der Firma Transnuklear zur Ausweitung ihres Marktanteils im Bereich Entsorgung schwach- und mittelaktiver Abfälle aus Kernkraftwerken Kundenpersonal mit Geldgeschenken und Sachleistungen bestochen hatten. Darüber hinaus ließ Transnuklear Entsorgungsdienstleistungen im belgischen Kernforschungszentrum CEN in Mol durchführen, wobei der behandelte Abfall bei der Rücknahme zumindest teilweise falsch deklariert war, da er unzulässigerweise radioaktives Fremdmaterial enthielt. Wenig tröstlich war, daß von diesen Abfallfässern keine Gefährdung für Mensch und Umwelt ausging. Letztendlich gab es Vermutungen über Lieferung bzw. Transport von kernwaffenfähigem Spaltmaterial durch die Firmen Nukem bzw. Transnuklear nach Libyen und Pakistan, welche sich jedoch als falsch herausgestellt haben.
In Biblis wiederum führten im Dezember 1987 eine schlecht schließende Rückschlagklappe und ein nicht beachtetes Warnsignal zu einem Störfall, der in seiner möglichen Folgewirkung vom Betreiber zunächst unterschätzt worden war. Das zuständige Reaktorpersonal stufte den Vorfall als geringfügig (N = Normal) ein und meldete ihn innerhalb der vorgeschriebenen Fünf-Tage-Frist der zuständigen Aufsichtsbehörde. Diese wiederum beauftragte sogleich den TÜV mit der Begutachtung des Störfalls. Zusammen mit der Gesellschaft für Reaktorsicherheit, die derartige Fälle im Auftrag des Bundesumweltministers für die Bundesrepublik zentral erfaßt und auswertet, wurde der Vorgang Ende August 1988 nach E (= Eilt) hochgestuft. Nach dem Störfall haben die Betreiberfirma und die Aufsichtsbehörde die Vorgänge nahezu ein Jahr lang gemeinsam aufgearbeitet und auch mit Nachrüstmaßnahmen begonnen. In die Schlagzeilen geriet der Störfall erst, als ein amerikanischer Nachrichtendienst im Dezember 1988 über das Ereignis berichtete.
Bei allen Vorfällen waren die Auswirkungen sehr unterschiedlich. Die Gemeinsamkeit bestand darin, daß die

Schwachstelle »Mensch im Sicherheitssystem der Kerntechnik« Auslöser des Ereignisses war.
Handlungen, wie sie bei Transnuklear geschahen, lassen sich durch organisatorische Maßnahmen und verschärfte Kontrollen erschweren, sicherlich jedoch nie ganz abstellen.
Zum Unfall in Tschernobyl führten geradezu erschütternde Fehler des offenbar unzureichend geschulten Reaktorpersonals. Die Auswertung der Ereignisse hat jedoch keine neuen Erkenntnisse für den Betrieb unserer Reaktoren erbracht. In Harrisburg waren die Reaktoroperateure offenkundig zu schematisch ausgebildet worden und konnten dadurch auf eine außergewöhnliche Situation nicht flexibel genug reagieren. Biblis dagegen zeigte die Kehrseite der Medaille: Eine sehr gut ausgebildete und erfahrene Mannschaft ignorierte zwei Arbeitsschichten lang eine Warnlampe in dem Bewußtsein, daß keine unmittelbare Gefährdung bestand. Erst der Reaktoroperateur einer dritten Schicht registrierte auf Umwegen das klemmende Ventil. Aufgrund seiner großen Erfahrung im Reaktorbetrieb versuchte er das Ventil zu lösen und öffnete dazu für einige Sekunden ein Prüfventil. Damit stellte er jedoch kurzzeitig eine Verbindung zwischen dem hochdruckführenden Reaktorkühlkreislauf und einem für diesen hohen Druck nicht ausgelegten Systemteil her und brachte ein Sicherheitsventil in Aktion, das eine gewisse Menge radioaktiven Dampfes in den Bereich außerhalb des Sicherheitsbehälters entließ.
Transnuklear und Biblis berührten das legitime Interesse der in derartigen Fragen hochsensiblen Öffentlichkeit in der Bundesrepublik. Dieser genügte es nicht, daß ein Reaktorfahrer aus Erfahrung eine bestimmte Situation als nicht gefährlich erkennt. Da die Sicherheitsphilosophie für kerntechnische Anlagen auf der Einhaltung strenger Vorschriften basiert, muß deren Einhaltung auch erzwungen werden. Auch bei Transnuklear ging es darum, daß man von Personen, die für die Sicherheit der Transporte radioaktiver Abfälle zu sorgen haben oder darauf Einfluß nehmen können, eine besondere Zuverlässigkeit verlangt.
Die Folge dieser beiden Ereignisse ist ein Verlust an Ver-

trauen in die besonders hohe Zuverlässigkeit von Menschen, die in den sensiblen Bereichen kerntechnischer Anlagen tätig sind. Die Vorfälle zeigen, daß neben den jeweils erforderlichen personellen und organisatorischen Konsequenzen die Schnittstelle Mensch/Maschine weiter optimiert werden muß. Hier bieten sich durch neuentwickelte rechnergestützte Informations-, Diagnose- und Expertensysteme grundlegend neue Möglichkeiten.

Entsorgung der Kernkraftwerke

ZUSAMMENFASSUNG:
Zur Beseitigung radioaktiver Abfälle wurde in der Bundesrepublik Deutschland ein »Integriertes Entsorgungskonzept« entwickelt. Bei den radioaktiven Abfallmengen liegt der weitaus überwiegende Teil der Aktivität in den hochaktiven, wärmeentwickelnden Abfällen vor, die von der Biosphäre sicher abgeschirmt werden müssen. Das Volumen dieser Abfälle ist mit ungefähr einem Prozent des gesamten Aufkommens sehr gering. Die Verarbeitung radioaktiver Abfälle wird international seit rund 40 Jahren praktiziert.

Nach den Vorfällen in den Hanauer Nuklearbetrieben hat sich in der Bundesrepublik die öffentliche Auseinandersetzung um die friedliche Nutzung der Kernenergie wiederum zu den Fragen der Entsorgung verlagert. Die Gegner der Kernenergie argumentieren, die Entsorgung des atomaren Abfalls sei bis zum heutigen Tag nicht gesichert.

Nach den »Grundsätzen zur Entsorgungsvorsorge für Kernkraftwerke« muß u. a. der Verbleib der abgebrannten Brennelemente für sechs Jahre im voraus nachgewiesen sein. Die Betreiber von Kernkraftwerken müssen belegen, wo die in diesem Zeitraum anfallenden abgebrannten Brennelemente verbleiben. Der Entsorgungsvorsorgenachweis wird erbracht durch:

– Wiederaufarbeitungsverträge mit ausländischen Firmen,

– ausreichende Zwischenlagerkapazitäten in Verbindung mit der

– Realisierung des »Integrierten Entsorgungskonzeptes«.
Grundlage für die Entsorgung der deutschen Kernkraftwerke ist das im Jahr 1979 auf Bundes- und Landesebene beschlossene »Integrierte Entsorgungskonzept«, das durch die Grundsätze zur Entsorgungsvorsorge von 1980 konkretisiert wurde. Dieses Konzept sieht vor

– Brennelement-Zwischenlagerung,
– Wiederaufarbeitung (und Wiederverwertung des zurückgewonnenen Kernbrennstoffs),
– Konditionierung von Abfällen aus der Wiederaufarbeitung und von Betriebsabfällen,
– Endlagerung radioaktiver Abfälle,
– die Entwicklung der Konditionierung von ausgedienten Brennelementen für die direkte Endlagerung.

Die Verwirklichung dieses Entsorgungskonzeptes ist Aufgabe der Abfallverursacher, also der Betreiber von Kernkraftwerken. Die Verantwortung für das Endlager liegt dagegen in staatlicher Hand.
Radioaktive Abfälle sind ein unvermeidbares Nebenprodukt bei der Kernenergienutzung. Die Mengen der in den nuklearen Anlagen anfallenden radioaktiven Abfälle sind um viele Größenordnungen kleiner als die in der konventionellen Energietechnik anfallenden Abfallmengen.
Hinsichtlich der Radioaktivität unterteilt man bei der Endlagerung zwischen Abfällen, die nennenswert Wärme entwickeln, und Abfällen ohne nennenswerte Wärmeentwicklung. Zur ersten Gruppe zählen hochaktive Abfälle, wie sie bei der Wiederaufarbeitung abgebrannter Brennelemente anfallen.
Mittelaktive Abfälle müssen ebenfalls abgeschirmt werden, entwickeln aber kaum Wärme. Dabei handelt es sich um Filterrückstände der Rückhalteanlagen sowie Materialien aus der Stillegung kerntechnischer Anlagen.
Schwachaktive Abfälle haben einen geringen Aktivitätsgehalt, sie brauchen nicht abgeschirmt zu werden und entwickeln praktisch keine Wärme. Aus kerntechnischen Anlagen sind das Putzmaterial und Werkzeuge, aus der Nuklearmedizin z. B. gebrauchte Spritzen.
In einigen Punkten unterscheiden sich radioaktive und

konventionelle Abfälle deutlich voneinander. Durch den radioaktiven Zerfall nimmt die Schädlichkeit der Abfälle entsprechend den Halbwertszeiten ab. Nach etwa zehn Halbwertszeiten ist die ursprüngliche Substanz auf rund 1 Promille der anfänglichen Aktivität abgeklungen. Radioaktive Substanzen sind mit einer bei anderen Stoffen nicht möglichen Präzision bis hin zu kleinsten Konzentrationen relativ einfach nachzuweisen und damit gut zu überwachen. Im Gegensatz zu den konventionellen Abfällen, bei denen häufig erst nach sichtbaren Schädigungen Schutzmaßnahmen ergriffen wurden, hat man bei den radioaktiven Abfällen von Anfang an ein geschlossenes System von Erfassung, Sicherstellung, Behandlung und Endlagerung geschaffen. Nach den Vorgängen um Transnuklear wird in der Bundesrepublik jetzt zusätzlich ein umfassendes Abfallverfolgungs- und -kontrollsystem (AVK) eingerichtet. Die hierfür erforderlichen gesetzlichen Regelungen und Verordnungen wurden bereits vor dem Bau kerntechnischer Anlagen geschaffen. Dementsprechend gibt es bei den radioaktiven Abfällen vergleichsweise nur geringe Altlasten.

Ursprung, Art und Menge der radioaktiven Abfälle sind bei den einzelnen Stationen des Brennstoffkreislaufs unterschiedlich. Bei der Urangewinnung und der Erzaufbereitung fallen Schlämme an, die Uran und seine natürlichen Zerfallsprodukte enthalten und als Abraum gelagert und stabilisiert werden müssen. Da in der Bundesrepublik nur zu Versuchszwecken Uranabbau stattfindet, entstehen keine nennenswerten Abfälle.

Bei den der Urangewinnung und der Erzaufbereitung folgenden Stationen des Brennstoffkreislaufs, der Konversion, der Urananreicherung sowie der Brennelementherstellung fallen in geringen Mengen schwachaktive Abfälle an.

Beim Reaktorbetrieb entsteht der mengenmäßig größte Anteil schwach- und mittelaktiver Abfälle, die in gasförmiger, flüssiger und fester Form vorliegen. Die in den Abgasen enthaltenen Radionuklide werden weitgehend in Filtern zurückgehalten, die ihrerseits als Festabfälle zu beseitigen sind. Bei der chemischen Aufbereitung und Reinigung des Reaktorkühlwassers und bei Instandhal-

tungs- und Reparaturarbeiten fallen weitere feste und flüssige Abfälle an.
Hinsichtlich der Gesamtaktivität entsteht die weitaus größte Abfallmenge bei der Weiterverarbeitung der abgebrannten Brennelemente, sowohl durch Wiederaufarbeitung als auch durch Konditionierung zur direkten Endlagerung. Etwa 99 Prozent der gesamten Aktivität liegt in den hochaktiven Abfällen vor, deren Volumen mit ungefähr 1 Prozent der gesamten Abfallmenge aber sehr klein ist.
Aus einem 1300-MW-Kernkraftwerk fallen – sofern die Brennelemente wiederaufgearbeitet werden – pro Jahr folgende Reststoffe an:
– Aus rund 30 t abgebrannter Brennelemente fallen durch Wiederaufarbeitung rund 28,5 t Uran, 0,3 t Plutonium und 1,2 t Spaltprodukte an. Uran und Plutonium können in den Brennstoffkreislauf zurückgeführt werden. Aus der Wiederaufarbeitung fallen rund 430 m^3 konditionierter, d. h. fester, endlagergerechter Abfall an.
– Zusätzlich müssen pro 1300-MW-Reaktor jährlich ca. 150 t (rd. 400 m^3) überwiegend schwachaktive Betriebsabfälle entsorgt werden. Durch Konditionierung wird dieses Volumen für die Endlagerung auf 150 m^3 reduziert.
– Insgesamt ergibt sich ein jährliches Abfallvolumen von rund 540 m^3 schwachaktivem, rund 36 m^3 mittelaktivem und rund 4 m^3 hochaktivem Abfall. 80 Prozent dieses Abfalls resultiert aus der Wiederaufarbeitung der ausgedienten Brennelemente.
– Letztendlich entstehen bei der Stillegung und dem Abriß kerntechnischer Anlagen radioaktive Abfälle in fester Form.
Weltweit liegen seit rund 40 Jahren Erfahrungen mit der Verarbeitung radioaktiver Abfälle vor.

Wiederaufarbeitung ausgedienter Brennelemente

ZUSAMMENFASSUNG:
Wiederaufarbeitungsanlagen sind im Prinzip Chemieanlagen, in denen mit dem PUREX-Prozeß wiederverwendbares Uran und Plutonium aus den ausgedienten Brennelementen herausgelöst wird. Diese Anlagen werden mit vergleichbar hohen Sicherheitsanforderungen, wie sie für Kernkraftwerke gelten, konzipiert, geplant und gebaut. Die Technologie der Wiederaufarbeitung entspricht jeweils dem neuesten Stand der Technik. Durch ihre Nutzung werden die Uranvorräte gestreckt, zudem läßt sich die Gesamtstrahlung der endzulagernden Abfälle deutlich vermindern. Das bei der Wiederaufarbeitung extrahierte Uran und Plutonium kann erneut in den Brennstoffzyklus der Kernkraftwerke eingespeist werden.

Ein weiterer zentraler Punkt in der kontroversen Diskussion um die Sicherheit kerntechnischer Anlagen ist die Technologie der Wiederaufarbeitung. Anlagen für die Wiederaufarbeitung ausgedienter Brennelemente sind im Prinzip Chemieanlagen, in denen mit chemisch-physikalischen Prozessen Uran und Plutonium aus den Brennelementen herausgelöst und von den Abfallstoffen, den Spaltprodukten, getrennt werden. Das Verfahren ist der PUREX-Prozeß (Verfahren zur Plutonium- und Uran-Rückgewinnung durch Extraktion).

Eine Wiederaufarbeitungsanlage enthält zwar erhebliche Mengen an radioaktivem Material. Im Unterschied zum Kernkraftwerk ist das Gefährdungspotential jedoch nicht an einer Stelle der Anlage konzentriert, denn lediglich drei Prozent der radioaktiven Stoffe liegen in Lösungen und damit in »leicht mobilisierbarer« Form vor. Der überwiegende Teil (rund 95 Prozent) des radioaktiven Materials befindet sich im Eingangslager für Brennelemente und im Lager für verglasten hochaktiven Abfall.

Die bei den chemischen Reaktionen der Wiederaufarbeitung aus den Brennelementen herausgelösten radioaktiven Stoffe werden durch folgende Barrieren zurückgehalten:

– durch Behälter- und Boxenwände sowie Filter, die in

den Abgassystemen der Behälter installiert sind (erste Materialbarriere),
- durch Zellenauskleidungen und Wände sowie Filter, die in den entsprechenden Abluft- und Abgassystemen installiert sind (zweite Materialbarriere),
- durch Gebäudewände und -abdichtungen sowie Filter, die in den Gebäudeabluftanlagen eingebaut sind (dritte Materialbarriere).

Die Einzelzellen befinden sich in Betongebäuden, die gegen Einwirkungen von außen ausgelegt sind. Zur Vermeidung eines unkontrollierten Austritts radioaktiver Stoffe wird in den Zellen, in denen die chemischen Reaktionen ablaufen, ein gestaffeltes Unterdrucksystem aufrechterhalten, durch das nur Luft von außen nach innen eintreten kann, aber keine Gase unter Umgehung des Filtersystems nach außen strömen können. Mit diesem Konzept soll erreicht werden, daß die radiologischen Belastungen durch die Ableitungen aus Wiederaufarbeitungsanlagen weit unter den gesetzlichen Grenzwerten der Strahlenschutzverordnung bleiben.

Zur Risikoabschätzung von Wiederaufarbeitungsanlagen liegen verschiedene sicherheitsbezogene und risikoorientierte Studien vor, die in ihren wesentlichen Aussagen zu übereinstimmenden Ergebnissen kommen. Eine Abschätzung aus den USA vom Electric Power Research Institute (EPRI) kommt zu dem Ergebnis, daß die Anlagen des Brennstoffkreislaufs ohne Kernkraftwerke insgesamt etwa ein Prozent zum Gesamtrisiko durch nukleare Stromerzeugung beitragen. Zum Brennstoffkreislauf (vgl. Bild 3) gehören Uranerzgewinnung und -aufarbeitung, Anreicherung, Brennelementherstellung, Zwischenlager, Wiederaufarbeitung, Fertigung von Mischoxid-Brennelementen und Endlagerung. Das Restrisiko der Kernenergie wird demnach im wesentlichen durch die Störfallrisiken von Kernkraftwerken bestimmt.

In der öffentlichen Diskussion wird der Wiederaufarbeitungstechnologie häufig jede Rechtfertigung verweigert mit der Begründung, daß sie ein neuartiges, unverantwortbares Risiko darstelle. Notwendigkeit und Nutzen von Wiederaufarbeitungsanlagen werden außerdem generell angezweifelt.

Bild 3: Nuklearer Brennstoffkreislauf mit Wiederaufarbeitung ausgedienter Brennelemente

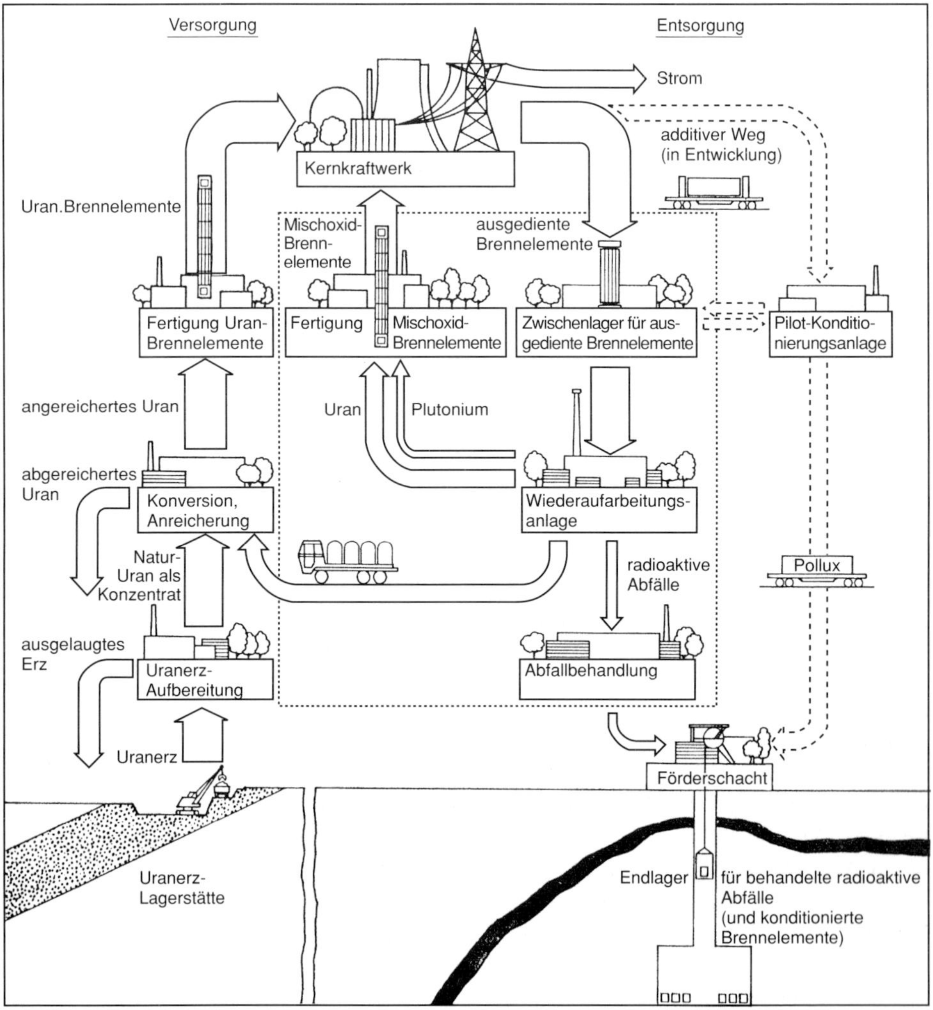

Aus: Müller, Hans Gerhard, Friedliche Nutzung der Kernenergie, Olzog Verlag GmbH, München 1988, S. 31

Der Brennstoffkreislauf mit Wiederaufarbeitung in Anlagen wirtschaftlicher Größenordnungen ist eine seit langem praktizierte Technik z. B. in Frankreich und Großbritannien. In der Bundesrepublik hat der Gesetzgeber

die Entwicklung dieser Technologie bereits in den fünfziger Jahren grundsätzlich geplant und im Atomgesetz vorgesehen. Die Technologie der Wiederaufarbeitung gilt als ressourcenschonend, sie führt zu einer Verringerung der Gesamtstrahlung der endzulagernden Abfälle.
Im Frühjahr 1988 machte die französische Firma Cogema und wenig später auch die britische Firma BNFL deutschen Kernkraftwerk-Betreibern langfristige kostengünstige Angebote zur Wiederaufarbeitung abgebrannter Brennelemente aus bundesdeutschen Kernkraftwerken. Nachdem die Bundesregierung ihre Zustimmung zur Wiederaufarbeitung in Frankreich und Großbritannien gegeben hatte, wurden die bereits begonnenen Bauarbeiten an der deutschen Wiederaufarbeitungsanlage in Wackersdorf eingestellt. Zusätzlich wird die ingenieurmäßige Entwicklung der direkten Endlagerung abgebrannter Brennelemente vorangetrieben, auch um Brennelemente zu entsorgen, die mit der bisher verfügbaren Technologie noch nicht wiederaufgearbeitet werden können. Dabei handelt es sich auch um solche aus dem Betrieb von Hochtemperaturreaktoren. In Gorleben wird eine Pilotanlage zur Konditionierung (Behandlung und Verpackung) von ausgedienten Brennelementen errichtet, mit der der zweite Entsorgungsweg der direkten Endlagerung näher untersucht wird.
Häufig wird die Befürchtung geäußert, daß mit der Technologie der Wiederaufarbeitung in eine »Plutoniumwirtschaft« oder »Brüter-Großtechnologie« eingestiegen wird. Richtig daran ist, daß im Grundsatz die Wiederaufarbeitung die Voraussetzung für den kommerziellen Großeinsatz für Brutreaktoren darstellt; der in den Leichtwasserreaktoren gebildete Kernbrennstoff Plutonium kann nach seiner Abtrennung durch den Wiederaufarbeitungsprozeß jedoch erneut in die Leichtwasserreaktoren eingespeist werden. Dieser Weg wird bereits international in verschiedenen Kernkraftwerken durch den Einsatz der sog. Mischoxid(MOX)-Brennelemente beschritten. Die bisherigen Erfahrungen mit dem rezyklierten Plutonium in den MOX-Brennelementen sind positiv; der dadurch erzielte Einspareffekt für die heimische Energieversorgung ist signifikant.

Es wäre ethisch-moralisch fragwürdig, wenn die Generationen, die heute den Nutzen aus den Kernbrennstoffen ziehen, die Beseitigung der daraus entstehenden radioaktiven Abfälle den kommenden Generationen überlassen würden.

Endlagerung radioaktiver Abfälle

ZUSAMMENFASSUNG:
Durch die Endlagerung radioaktiver Abfälle in dafür geeigneten tiefen geologischen Formationen soll der vollständige Ausschluß dieser Stoffe aus dem Biozyklus sichergestellt werden. Zur Gewährleistung größtmöglicher Sicherheit bei der Endlagerung wird auch hier das Barrieren-Konzept, bestehend aus technischen und natürlichen Barrieren, angewandt. Das deutsche Entsorgungskonzept sieht vor, daß Abfälle mit starker Wärmeentwicklung im Salzstock Gorleben und diejenigen mit vernachlässigbarer Wärmeentwicklung in der Schachtanlage Konrad endgelagert werden. Das Endlager Konrad könnte ab 1993, der Salzstock Gorleben voraussichtlich nach dem Jahr 2000 in Betrieb genommen werden. Bis dahin bestehen in der Bundesrepublik ausreichend Zwischenlagerkapazitäten.

Weltweit wurden verschiedene Möglichkeiten zur Endlagerung radioaktiver Abfälle untersucht, u. a. der Transport aufkonzentrierter Abfälle in den Weltraum sowie die Möglichkeit, hochaktive Abfälle in die Sedimentschichten am Boden der Tiefsee einzubringen. Diese Konzepte werden jedoch nicht weiter verfolgt.
Gegenwärtig praktiziert man weltweit das Konzept, kurzlebige und hauptsächlich schwachaktive Abfälle oberflächennah zu vergraben sowie langlebige und hochaktive Abfälle in tiefen geologischen Formationen zu lagern. Das oberflächennahe Vergraben schwachaktiver Abfälle wird international durchgeführt, in der Bundesrepublik, der DDR und Schweden geht man jedoch den Weg, alle radioaktiven Abfälle in tiefen geologischen Formationen zu lagern. International besteht Einigkeit darüber, daß für die Endlagerung hochaktiver wärme-

produzierender Abfälle das Einbringen in tiefliegende geologische Formationen zu bevorzugen ist. Je nach der landesspezifischen geologischen Situation sind Granit, Salz, Ton, Basalt und Tuff die bevorzugten geologischen Formationen. Die technische Realisierung muß sich diesen Gegebenheiten anpassen, ohne Einbußen für die Sicherheit.

Ziel der Endlagerung radioaktiver Abfälle in geologischen Formationen ist der möglichst vollständige Ausschluß dieser Stoffe aus dem Biozyklus. Da lediglich Grundwasser in den verschlossenen Endlagern an die Radionuklide gelangen kann, werden geologische Formationen ausgesucht, in denen kein oder ein möglichst geringer Grundwasseraustausch stattfindet. Diesen Vorteil weisen insbesondere Salzgesteine auf.

Wie bei den kerntechnischen Anlagen, so werden auch bei der Endlagerung radioaktiver Abfälle für die Sicherheitsbetrachtungen neben dem Normalverhalten extrem unwahrscheinliche Störfälle unterstellt und alle möglichen Konsequenzen untersucht. Das Schutzziel bei der Endlagerung sieht vor, daß zukünftige Generationen durch eventuelle Freisetzungen von Radionukliden aus einem Endlager keine höheren Strahlenexpositionen erhalten dürfen, als die Schwankungsbreite der natürlichen Strahlenexposition ausmacht.

Das Schutzziel enthält neben dieser quantitativen eine zeitliche Komponente, die bei der Endlagerung radioaktiver Abfälle eine erheblich größere Bedeutung als bei allen anderen Gebieten der Kerntechnik hat. Die Betriebszeit eines Endlagers beträgt etwa 30 bis 70 Jahre; es ist jedoch eine erheblich längere Nachbetriebsphase zu berücksichtigen. Dieser Langzeitrahmen wird derzeit national und international intensiv diskutiert. Derzeit können exakte Aussagen für einen Zeitraum von ungefähr 10000 Jahren nach Betriebsschluß des Endlagers gemacht werden, für den die Beanspruchung der Endlagerformation abgedeckt wird und geologische bzw. hydrologische Prognosen möglich sind. Hierüber ist ein lückenloser, fundierter und quantitativer Nachweis hinsichtlich der Einhaltung des Schutzzieles zu führen. Für die größeren Zeiträume liegen geologische Erkenntnisse vor, wo-

nach die Isolationssicherheit der geologischen Formationen in der Größenordnung von Millionen Jahren zu veranschlagen ist.
Bei der Endlagerung wird zur Gewährleistung größtmöglicher Sicherheit, wie auch in den anderen Bereichen der Kerntechnik, das Barrieren-Konzept angewandt. Es bestehen technische und natürliche Barrieren. Zu den technischen Barrieren zählen Einbindung des Abfalls, Abfallbehälter, Bohrloch-, Kammer- und Streckenverschlüsse sowie -verfüllungen, Dämme, Schachtverfüllungen und -verschlüsse. Die natürlichen Barrieren können nicht modifiziert und nur hinsichtlich einer Gesamtoptimierung ausgesucht werden. Bei den natürlichen Barrieren handelt es sich um die geologische Formation, Nebengesteins- und Deckgebirgsschichten sowie die hydrogeologische Situation. Für die langen Zeiträume kann die Sicherheit des Barrierensystems »Endlager« naturgemäß nicht experimentell nachgewiesen werden. Statt dessen werden sog. Langzeitsicherheitsanalysen durchgeführt, die im Rahmen des laufenden Planfeststellungsverfahrens für das geplante Endlager Konrad, das radioaktive Abfälle mit vernachlässigbarer Wärmeentwicklung aufnehmen soll, zum ersten Mal für einen konkreten Standort durchgeführt worden sind.
Nach dem Atomgesetz sind die Sicherstellung und Endlagerung radioaktiver Abfälle staatliche Aufgaben. Das deutsche Entsorgungskonzept sieht für die Endlagerung vor:
– Abfälle mit starker Wärmeentwicklung sollen im Salzstock Gorleben endgelagert werden.
– Für die Endlagerung von Abfällen mit vernachlässigbarer Wärmeentwicklung ist das ehemalige Eisenerzbergwerk Konrad bei Salzgitter vorgesehen.
In der Bundesrepublik wurden Erfahrungen mit der Endlagerung von radioaktiven Abfällen seit 1967 im Salzbergwerk Asse bei Wolfenbüttel gesammelt. Dort werden auch Verfahren und Technik im Umgang mit radioaktiven Abfällen erprobt.
Die Ergebnisse der Forschungsarbeiten sowie die bisherige oberirdische Erkundung des Salzstockes Gorleben haben seine grundsätzliche Eignung als zukünftiges End-

lager nicht in Frage gestellt. Ein bergbaulicher Unfall im Jahre 1987 stellt die Eignung ebenfalls nicht in Frage, verzögert aber die Erkundungsarbeiten um etwa drei Jahre.
Nach dem derzeitigen Stand der Arbeiten wird die Inbetriebnahme des Endlagers im Salzstock Gorleben voraussichtlich im ersten Jahrzehnt nach der Jahrhundertwende erfolgen. Bis dahin bestehen in der Bundesrepublik ausreichende Zwischenlagerkapazitäten für konditionierte hochaktive Abfälle. Da die Glaskokillen mit dem hochaktiven Abfall bis zur Verringerung der Wärmeabstrahlung ohnehin rund 30 Jahre oberirdisch gelagert werden sollen, bevor man sie im Salzstock endlagert, ist das Endlager nicht vor Anfang des nächsten Jahrhunderts erforderlich.
Die Endlagerung aller in der Bundesrepublik anfallenden radioaktiven Abfälle mit vernachlässigbarer Wärmeentwicklung in der Schachtanlage Konrad kann bei einem zügigen Verlauf des Genehmigungsverfahrens und einem Planfeststellungsbeschluß voraussichtlich 1993 begonnen werden.
Nach Berechnungen der Physikalisch-Technischen Bundesanstalt (PTB) werden bis zum Jahr 2000 rund 200 000 m^3 an konditionierten schwachaktiven Abfällen aus kerntechnischen Anlagen, Forschungsinstituten, Industrieanwendungen und Krankenhäusern angefallen sein. Rund ein Drittel davon entfällt auf Kernkraftwerke. Die Zwischenlagerkapazität für diese Abfälle beträgt 110 000 m^3 und reicht bis zur vorgesehenen Inbetriebnahme des Endlagers Konrad aus. Bei einer verzögerten Inbetriebnahme könnten die vorhandenen Zwischenlagerkapazitäten ausgebaut werden.

Mißbrauch der zivilen Kernenergienutzung

ZUSAMMENFASSUNG:
Das Ziel, spaltbares Material zum Waffenbau zu gewinnen, kann mit separat betriebenen Anlagen schneller und kostengünstiger erreicht werden als über stromproduzierende, kommerziell betriebene Anlagen. Weltweit besitzen rund 50 Länder ausreichende Kenntnisse und

Fähigkeiten zum Bau von Kernwaffen. Die Verhinderung der Verbreitung von Kernwaffen ist weniger eine handelspolitische oder technische, sondern in erster Linie eine politische Aufgabe. Die Bundesrepublik hat rechtlich und politisch verpflichtende Erklärungen über den Verzicht der militärischen Nutzung der Kernenergie abgegeben. Mißbrauch ziviler Nutzung durch terroristische Sabotageakte ist kaum vorstellbar, da eine große Zahl wirksamer Überwachungseinrichtungen zu überwinden wären.

Seit Beginn der zivilen Nutzung der Kernenergie stellt sich die Frage nach der möglichen Weiterverbreitung von Kernwaffen, der Proliferation. Untersucht man die verschiedenen bei der zivilen Nutzung der Kernenergie eingesetzten Reaktortypen und die sonstigen Anlagen des Brennstoffkreislaufs hinsichtlich ihrer Proliferationsrisiken, so zeigt sich, daß es grundsätzlich möglich ist, Material zur Herstellung von Kernsprengkörpern abzuzweigen. Für Kernwaffen geeignete Spaltstoffe sind Uran 235, Plutonium 239 und 241 sowie Uran 233. Das Uran 235 gewinnt man bei der Anreicherung aus natürlichem Uran. Plutonium 239 und 241 entstehen zusammen mit nicht-spaltbaren Plutonium-Isotopen zwangsläufig in jedem Kernreaktor, der mit Uran betrieben wird. Uran 233 und 235 entstehen zusammen mit nicht-spaltbaren Uran-Isotopen zwangsläufig in jedem Kernreaktor, der mit Thorium betrieben wird.
Als sensible Bereiche des Brennstoffkreislaufs gelten Forschungs- und Schwerwasserreaktoren, Anreicherungs- und Wiederaufarbeitungsanlagen sowie Endlager mit direkt endgelagerten ausgedienten Brennelementen. Eine Bewertung der Proliferationsrisiken bei der friedlichen Nutzung der Kernenergie muß berücksichtigen, daß das Ziel, Kernmaterial zum Waffenbau zu gewinnen, auf direktem Weg – nämlich durch den Aufbau eines separaten Brennstoffkreislaufs – weitaus schneller, verfahrenstechnisch einfacher und mit geringeren Kosten erreicht werden kann. Dies wird durch die Tatsache belegt, daß alle Kernwaffenstaaten den direkten Weg genommen haben, um ihre Kernsprengkörper herzustellen.

Der Finanzmittel- und Zeitaufwand für die Entwicklung von Nuklearwaffen ist vom Know-how und der Verfügbarkeit über entsprechende kerntechnische Anlagen abhängig. Die Nicht-Kernwaffenstaaten kann man dazu in drei Gruppen einteilen:

(1) Länder mit einem weitgehend vollständigen Brennstoffkreislauf, umfangreichem kerntechnischen Know-how und Zugang zu strategischem Material (z. B. Japan oder die Bundesrepublik Deutschland).

(2) Länder, die nur Teile des Brennstoffkreislaufs betreiben, aber über ausreichend kerntechnisches Know-how verfügen (z. B. Brasilien oder Israel).

(3) Länder ohne technisches Potential und mit geringem kerntechnischem Know-how (Entwicklungsländer).

Ausreichende Kenntnisse und Fähigkeiten zum Nachbau kerntechnischer Anlagen mit dem Ziel, waffenfähiges Material auch ohne hochentwickelte Technik zu errichten und zu betreiben, werden heute bei mindestens 50 Ländern vermutet. Da die wesentlichen Funktionsprinzipien von Anreicherungs- und Wiederaufarbeitungsanlagen sowie Reaktoren weltweit bekannt sind, stellt es heute kein Problem mehr dar, mit Anlagen im Labormaßstab ausreichende Mengen an strategischem Material für kleinere Nuklearwaffen-Programme zu produzieren. Hierfür wäre die Bereitstellung von Milliardenbeträgen und einer ausreichenden Anzahl an Fachleuten erforderlich.

Diese eher pessimistische Perspektive, die sich aus einer technisch-finanziellen Analyse ergibt, erhellt sich zum Positiven, wenn man bedenkt, wie wirksam international koordinierter politischer Druck in den letzten fünfzehn Jahren das weitere Aufkommen von Nuklearwaffenmächten verhindert hat.

Der Nachbau von Anlagen kommerzieller Größe mit dem Ziel, Material abzuzweigen, würde demgegenüber finanzielle und materielle Ressourcen in einem Ausmaß binden, die um ein Vielfaches höher liegen als bei Anlagen im Labormaßstab. Alle Länder der Dritten Welt, denen Kernwaffen-Ambitionen nachgesagt werden, verfügen aber nur über sehr begrenzte finanzielle und technologische Ressourcen. Dieser höchst unwahrscheinliche

Proliferationspfad bestimmt jedoch seit geraumer Zeit die internationale Diskussion. Der weitaus wahrscheinlichere Proliferationspfad, z. B. über Forschungsreaktoren, wird bei diesen Überlegungen unzureichend berücksichtigt.

Alle bisher durchgeführten seriösen Untersuchungen kamen zu dem Ergebnis, daß der Weg einer gezielten Kernwaffenentwicklung über ein auf friedliche Zwecke ausgerichtetes Kernenergieprogramm teurer, technologisch aufwendiger und politisch risikoreicher ist, als ein neben dem zivilen Kernenergieprogramm separat durchgeführter, heimlicher Anlagenbau und -betrieb. Auch Kernwaffenstaaten benutzen zum Aufbau ihrer nuklearen Waffenarsenale separate Anlagen.

Die Verhinderung der Verbreitung von Kernwaffen ist daher weniger eine handelspolitische oder technische, sondern in erster Linie eine politische Aufgabe.

Die Bundesrepublik Deutschland hat sich rechtlich und politisch verpflichtet, auf die militärische Nutzung der Kernspaltung sowie auf jegliche Beteiligung in diesem Gebiet zu verzichten. 1954 und 1957 hat sie dies bei ihrem Beitritt zur Europäischen Atomgemeinschaft (EURATOM) im Rahmen der Römischen Verträge zur Europäischen Gemeinschaft erklärt. Mit dem Beitritt zu Euratom hat sich die Bundesrepublik darüber hinaus einem Kontrollsystem unterworfen, das bis heute als das umfassendste bei der Nutzung der Kernenergie gilt.

1969 hat die Bundesrepublik den Kernwaffensperrvertrag (NV-Vertrag) unterzeichnet (Ratifizierung 1974), 1976 die Richtlinien der Lieferländer für Nuklearexporte, die von mehr als zwanzig Ländern angewandt werden. Den NV-Vertrag haben neben den Kernwaffenstaaten USA, UdSSR und Großbritannien inzwischen 131 Nicht-Kernwaffenstaaten unterzeichnet, von denen auch die internationalen Kernmaterialkontrollen als funktionsfähig und effektiv akzeptiert werden.

Die politischen und wirtschaftlichen Konsequenzen eines Vertragsbruches würden sich nicht nur auf die friedliche Nutzung der Kernenergie und ihre große Bedeutung für die öffentliche Stromversorgung in der Bundesrepublik auswirken, sondern hätten auch wegen ihrer

engen Verpflichtungen im Rahmen der EG und des NATO-Bündnisses unabsehbare Auswirkungen für die Volkswirtschaft und die Sicherheitspolitik.
Neben der Weiterverbreitung von Kernwaffen ist ein weiterer Punkt die Problematik terroristischer Sabotageakte. Es wird argumentiert, gegen die kriminelle Energie intelligenter Terroristen sei letztlich kein wirksamer Schutz möglich. Jedoch auch »Murphy's Prinzip«, wonach alles passiert, was passieren kann, muß natürlich im Licht der Wahrscheinlichkeiten gesehen werden. Die Sicherheitseinrichtungen eines Kernkraftwerks machen es Saboteuren sehr schwer, zu ihrem Ziel zu gelangen. Fehlbedienungen von Kernreaktoren durch menschliches Versagen (Fahrlässigkeit) müssen ausgeschlossen werden. Deshalb sind eine große Zahl automatisch wirkender Überwachungseinrichtungen in den Kernkraftwerken eingebaut, die die Ausführung falscher Befehle unterbinden und in allen kritischen Situationen den Reaktor sofort abschalten.
Für Terroristen ist ein Kernkraftwerk deshalb sicher ein schwieriges, unattraktives Ziel, das zudem den Nachteil hat, kaum spezifisch wirksam zur Geltung gebracht werden zu können. Mit nichtnuklearen Mitteln kann Terror bei weit geringerem Aufwand und mit wesentlich höherer Effektivität erzielt werden.

Kosten und Nutzen – Risiken und Chancen der Kernenergie

Beurteilungskriterien für Alternativen der Stromerzeugung

ZUSAMMENFASSUNG:
Jede Energienutzung hat Auswirkungen auf Menschen und Umwelt. Will man Kosten und Risiken minimieren, müssen die Energieträger in ihrem Lebenszyklus hinsichtlich ihrer Auswirkungen bewertet werden. Relativ einfach können dabei betriebs- und volkswirtschaftliche Kosten einzelner Energieträger ermittelt werden. Indirekte Effekte, z. B. durch Umweltschäden, können nur näherungsweise erfaßt werden.

Jede Form der Energienutzung hat Auswirkungen auf die Menschen, die gesellschaftliche und politische Ordnung, in der sie leben, und auf die Umwelt. Ziel einer jeden Gesellschaft ist daher, in Abhängigkeit von ihren geltenden Zielsetzungen und Wertvorstellungen den Nutzen ihrer Energiewirtschaft zu maximieren, also alle Kosten und Risiken zu minimieren. Dazu müßte man die jeweiligen Energieträger in ihrem Lebenszyklus (Anlagenerrichtung und -betrieb, Entsorgung von Anlagen und Komponenten, vgl. Bild 4) hinsichtlich ihrer Auswirkungen auf Umwelt und Klima, Wirtschaft und Versorgungssicherheit bewerten können.
Fossile Energieträger hat man viele Jahrzehnte genutzt, ohne sich über die Folgen der Schadstoffemissionen voll im klaren zu sein. Das Ausmaß der Umweltschäden hat dazu geführt, daß energiepolitischen Entscheidungen zunehmend Technikfolgenabschätzungen zugrunde gelegt werden, um die nachteiligen Folgen einer Technik von vornherein zu minimieren. Solche Bewertungen werden bei bereits eingeführten Techniken versucht, um weitere Schäden zu vermeiden bzw. zu verringern, bei Kohlekraftwerken geschieht dies durch den nachträglichen Einbau von Anlagen zur Verminderung der Schwefeldioxid- und Stickoxidemissionen. Eine Abschätzung möglicher Folgen wird aber auch bei neuen Techniken versucht, um Risiken bereits in der Entwicklungsphase aus-

Bild 4: Risikobereiche von Stromversorgungssystemen

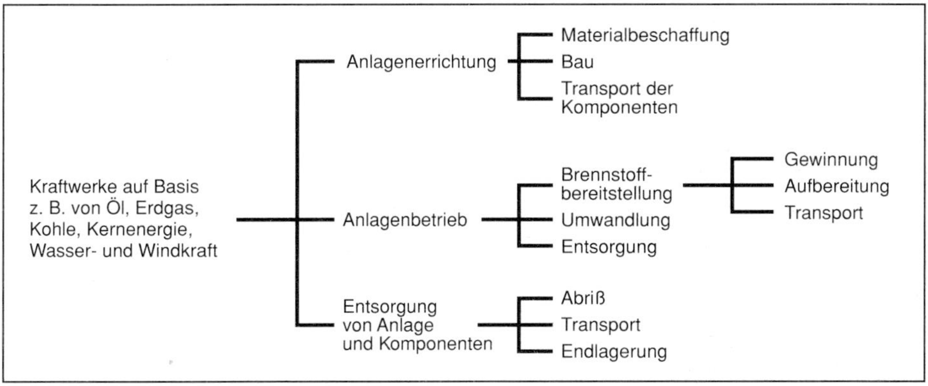

Aus: Thöne, E., Kallenbach, U., Risikovergleiche für die Stromerzeugung, in: et 10/88, S. 789

zuschalten bzw. zu vermindern, so bei den regenerativen Energieträgern und der Kernfusion.

Bewertet man Alternativen der Stromerzeugung, so können nur die Energieträger zugrunde gelegt werden, die im Rahmen des geltenden gesellschaftlichen Zielsystems realistische Alternativen zueinander darstellen. Will man also für die Bundesrepublik die Stromerzeugung aus Kernenergie mit möglichen Alternativen vergleichen, so ist deren Zahl sehr begrenzt. Das Potential an Wasserkraft kann nur noch geringfügig ausgebaut werden. Wind- und Sonnenenergie werden mittelfristig voraussichtlich nur geringe Bedeutung für die Stromerzeugung erlangen können. Somit sind allein herkömmliche Wärmekraftwerke, die Steinkohle, Braunkohle, Heizöl oder Erdgas einsetzen, als Alternativen zu Kernkraftwerken in Betracht zu ziehen.

Bei den genannten Energieträgern scheidet Braunkohle als Alternative zur Kernenergie aus, da eine Erhöhung der Fördermengen und die damit verbundene Ausweitung von Tagebauen aus Umweltschutzgründen für nicht vertretbar gehalten wird. Wegen der Versorgungsrisiken und aufgrund ihrer Bedeutung als Rohstoff für die Chemie sowie für die Energieversorgung der Dritten Welt scheiden importiertes Erdöl und Erdgas auch aus.

Für die Bewertung müssen Kriterien aufgestellt werden, die betriebs- und volkswirtschaftliche Kosten, Umwelt- und Klimarisiken sowie politische Risiken der einzelnen Energieträger vergleichbar machen. Wo dies nicht möglich ist, können fundierte Schätzungen die Entscheidungsbasis verbessern.

Die betriebs- und volkswirtschaftlichen Kosten von Stromerzeugungsalternativen können relativ genau erfaßt und bewertet werden. Auch gesamtwirtschaftliche Effekte kann man näherungsweise quantifizieren. Schwierigkeiten bereitet es, die indirekten Effekte zu erfassen, da häufig die Datenbasis unvollkommen und die vergleichende Bewertung subjektiv ist. So wird die Frage, in welchem Ausmaß die Schadstoffemissionen aus Kraftwerken, Haushaltsheizungen und Kraftfahrzeugen zu den Waldschäden beitragen, nicht exakt beantwortet werden können.

In den letzten Jahren wurden zahlreiche Versuche unternommen, durch die Quantifizierung von monetären Kosten und Nutzen die Diskussion um Umweltschutzmaßnahmen auf eine bessere, rationale Grundlage zu stellen. Eine Studie des Wissenschaftszentrums Berlin kommt zu dem Ergebnis, daß 1985 in der Bundesrepublik rund 160 Mrd. DM, also 10 Prozent des Bruttosozialprodukts, aufgebracht werden mußten, um Umweltschäden zu beseitigen oder zu verhindern. Allein für Luftreinhaltemaßnahmen sind in der Bundesrepublik seit 1985 insgesamt rund 80 Mrd. DM aufgewendet worden, deren Nutzen auf mindestens 250 Mrd. DM geschätzt wird. Größte Einzelposten sind dabei die Kosten der Großfeuerungsanlagen-Verordnung (GFAVO) mit einem Gesamtvolumen von über 25 Mrd. DM. Die jährlichen Gesamtkosten für den Kapitaldienst und den Betrieb von Umweltschutzeinrichtungen in der Bundesrepublik werden gegenwärtig auf über 50 Mrd. DM geschätzt, was rund 3 Prozent Anteil des Volkseinkommens ausmacht.

Diese Werte sind jedoch mit großen Unsicherheiten behaftet und können nur näherungsweise die umweltschutzbedingten Aufwendungen von Wirtschaft und Staat erfassen. Die Ermittlung und Abgrenzung von Umweltschutzkosten ist häufig problematisch. Für eine ver-

gleichende Bewertung der verschiedenen Arten der Energieerzeugung fehlt ein einheitlicher Maßstab, denn Heizungsanlagen, Kraftfahrzeuge und Kraftwerke können nicht auf eine einheitliche Nutzengröße reduziert werden.
Trotz dieser Unvollkommenheiten sind derartige Bewertungen dennoch ein wichtiges Hilfsmittel zur Vorbereitung von Entscheidungen, da sie zum systematischen Analysieren zwingen und die zugrunde gelegten Parameter nachvollziehbar sind.

Kosten und Nutzen der Kernenergie im Vergleich

ZUSAMMENFASSUNG:
Die zahlreichen Studien über einen Ausstieg der Bundesrepublik aus der Kernenergie ermöglichen keine umfassende Bewertung, in der die ökonomischen, ökologischen und politischen Folgen erfaßt werden. Teilergebnisse zeigen jedoch, daß die in Betrieb befindlichen Kernkraftwerke gegenüber Kohlekraftwerken im Grundlastbereich deutliche Kostenvorteile aufweisen. Bei einem Vergleich der Luftschadstoffe schneiden Kernkraftwerke besser ab, da die bei Kohlekraftwerken nicht völlig zu vermeidenden Emissionen entfallen.

Seit Mitte der siebziger Jahre wird in der Bundesrepublik über einen Ausstieg aus der Kernenergie diskutiert. Die wirtschaftlichen Konsequenzen eines fiktiven Verzichts auf Kernenergie wurden in den vergangenen Jahren in mehr als einem Dutzend Studien untersucht. Hinsichtlich der Frage, inwieweit ein sofortiger Ausstieg wirtschaftlich überhaupt realistisch und durchführbar sei, kommen die Untersuchungen zu folgendem Ergebnis:

– Aufgrund der in der Bundesrepublik verfügbaren Stromerzeugungskapazitäten wäre technisch gesehen selbst kurzfristig ein Verzicht auf die Kernenergie möglich.

– Ein Verzicht würde zu höheren Strompreisen und den daraus resultierenden volkswirtschaftlichen Effekten führen. Es wäre jedoch kein gravierender Einbruch bei der Wirtschaftstätigkeit zu befürchten.

– Ein Verzicht brächte höhere Belastungen der Umwelt mit Luftschadstoffen sowie der Atmosphäre mit CO_2.
Gemeinsam ist allen Studien, daß sie unter Zeitdruck erarbeitet wurden und daher nur Einzelergebnisse zu den Konsequenzen für Wachstum, Beschäftigung, Versorgungssicherheit, Umweltschutz u. a. auflisten konnten. Die Ergebnisse wurden jedoch nicht mit anderen gesellschafts- und gesamtpolitischen Überlegungen in Verbindung gebracht und gegenüber dem Restrisiko der Kernenergie abgewogen.
Zahlreiche für eine umfassende Bewertung unerläßliche Fragen konnten nicht behandelt werden: Welche energie- und volkswirtschaftlichen Nachteile entstehen durch einen Übergang auf andere Energieträger? Wie sind Umweltverträglichkeit, Versorgungssicherheit und Ressourcenschonung der Energieträger zu bewerten, die die Kernenergie ablösen würden? Haben große Energiesysteme oder kleine dezentrale Einheiten eine höhere Sozialverträglichkeit?
Die in den Studien untersuchten Zeiträume reichen nur bis zum Jahr 2020 und können daher langfristige Auswirkungen nicht berücksichtigen. Damit werden die weiteren Planungszeiträume der Elektrizitätsversorgungsunternehmen nicht berücksichtigt. Weiterhin können die globalen Entwicklungen des Energiebedarfs sowie der Umwelt- und Klimasituation nur unzureichend erfaßt werden.
Diese exemplarischen Kritikpunkte an den »Ausstiegsstudien« zeigen, daß bisher keine umfassende Kosten-Nutzen-Analyse vorliegt und somit auch keine »neue Objektivität« in die Entscheidungsfrage um die Nutzung der Kernenergie gebracht werden konnte. Eine umfassende Bewertung der Kernenergie aus ökonomischer, ökologischer und politischer Sicht steht für die Bundesrepublik nach wie vor aus. Entscheidungsträger in Politik und Wirtschaft sind nach wie vor auf die Grundregeln des Abwägens angewiesen, denen verschiedene Teilbetrachtungen zugrunde liegen, beispielsweise die Auswirkungen von Veränderungen im Kraftwerkspark auf die Stromgestehungskosten.
Die Ergebnisse der einzelnen Studien zeigen für diesen

Teilbereich, daß sowohl in Betrieb befindliche, als auch neue Kernkraftwerke gegenüber der Stromerzeugung aus heimischer Steinkohle bei Einsatz im Grundlastbereich Kostenvorteile aufweisen. Für die Bundesrepublik beläuft sich der spezifische Kostenvorteil für die Kernenergie von 3,5 bis 4,5 Pf/kWh für die gesamte Volkswirtschaft, d. h. bei einer Stromerzeugung aus Kernenergie von derzeit rund 150 Mrd. kWh auf über 5 Mrd. DM pro Jahr.
Wollte man auch die indirekten Kosten erfassen, die der Volkswirtschaft durch den Betrieb der Kraftwerke und der Anlagen des Brennstoffkreislaufs entstehen, müßte man Methoden entwickeln, die einzelne Umweltbelastungen wie Luftschadstoffe, Abwärme, Lärm, Flächenbedarf und Veränderung des Landschaftsbildes erfaßbar und vergleichbar machten.
Die einzelnen Energieträger emittieren verschiedene Schadstoffe (vgl. Bild 5). Luftschadstoffe treten beim Erdgas in Form von Kohlenmonoxid und Stickoxiden als Verbrennungsprodukte auf. Bei Erdölprodukten entstehen zusätzlich noch Schwefelverbindungen, Kohlenwasserstoff und Feststoffe. Bei der Verbrennung von Kohle

Bild 5: Luftverunreinigungen bei der Stromerzeugung

Primärenergieträger	Schadstoffe					
	SO_2	Staub	NO_x	CO	C_mH_n	radioaktive Stoffe
Kohle	■	■	■	■	■	■
Erdöl	■	■	■	■	■	
Erdgas			■	■		
Kernenergie						■
Sonne, Wind, Laufwasser						

Aus: Borsch, P., Wagner, H.-J., Energie und Umwelt, in: KFA Jülich GmbH (Hrsg.), Perspektiven der Kernenergie, Jülich 1984, S. 50

sind die Staubmengen vergleichsweise größer und enthalten auch radioaktive Elemente. Bei kerntechnischen Anlagen entstehen keine chemischen Schadstoffe, hier sind die Abgaben radioaktiver Stoffe zu berücksichtigen. Beim Betrieb von Sonnen-, Wind- und Laufwasserkraftwerken treten keine Emissionen auf, wohl aber bei der Erstellung der Anlagen.

Risiken und Chancen der Kernenergie im Vergleich

ZUSAMMENFASSUNG:
Alle Stromerzeugungssysteme bergen Risiken für die in diesen Anlagen Beschäftigten und für die Öffentlichkeit. Nach den vorliegenden Erkenntnissen läßt sich keine eindeutige Reihenfolge der Stromerzeugungstechniken im Hinblick auf ihre Risiken festlegen. Im Vergleich zu den sonstigen zivilisatorischen Risiken sind die der Stromerzeugungssysteme relativ niedrig. Abzuwägen sind auch die Risiken und Chancen, die durch Handeln oder Unterlassen gegenüber den Entwicklungsländern und zukünftigen Generationen in Kauf genommen bzw. nicht genutzt werden. Die Erkenntnis muß sich durchsetzen, daß die heutigen Nutznießer von Energiequellen verpflichtet sind, auch die Lasten ihrer Entsorgung zu tragen.

Alle Techniken der Stromerzeugung sind mit Risiken für den einzelnen oder die Gesellschaft behaftet. Das Risiko ist das Produkt aus dem zu erwartenden Schaden und der Wahrscheinlichkeit, mit der er erwartet wird. Für Bürger der Bundesrepublik ist die Wahrscheinlichkeit hoch, im Laufe ihres Lebens durch einen Autounfall verletzt zu werden. Extrem unwahrscheinlich ist es jedoch, als Fußgänger durch ein abstürzendes Flugzeug getötet zu werden.

Will man die Risiken im Zusammenhang mit dem Bau, dem Betrieb und der Entsorgung verschiedener Technologien einander gegenüberstellen, so tritt, wie schon beim Kosten-Nutzen-Vergleich, auch hier das Problem mangelnder Vergleichbarkeit auf. Es ist einsichtig, daß man Todesfälle, Unfälle und Krankheiten mit nicht tödlichem Ausgang kaum auf einen gemeinsamen Nenner bringen kann. Man behilft sich, indem man aufgrund der unterschiedlichen Qualitäten verschiedener Risiken eine Aufgliederung nach Kategorien vornimmt. Die Risikobeiträge wiederum sind nach Art des Kollektivs (Beruf oder Öffentlichkeit) und nach Art des Schadens (Tod, Verletzung, Krankheit) separat aufgeführt.

Die Ergebnisse derartiger Risikovergleiche lassen sich wie folgt zusammenfassen:

– Es gibt kein Stromerzeugungssystem ohne Risiken.

– Nach dem heutigen Stand der Risikoforschung kann keine eindeutige Reihenfolge der Technologien im Hinblick auf das Ausmaß ihrer Risiken festgelegt werden.

– Es lassen sich jedoch die jeweiligen Hauptbeiträge der Risikokategorien erkennen.

– Gemessen an den sonstigen zivilisatorischen Risiken sind die von verschiedenen Stromerzeugungssystemen verursachten relativ niedrig.

Für den einzelnen Bürger bleibt jedoch das offenkundig schwer lösbare Problem, daß seine emotionale Grundhaltung, also die Angst vor dem Restrisiko der Kernenergie, nicht durch rationale Zahlen beseitigt werden kann. Entscheidend sind hier wohl persönliche Empfindungen, da auch ein objektiv höheres Verkehrsrisiko, das scheinbar persönlich beeinflußbar ist, subjektiv geringer bewertet wird als ein objektiv niedriges Kernenergierisiko, das kollektiv getragen, also als persönlich nicht beeinflußbar gesehen wird. Maßgeblich ist das furchterregende, nicht völlig auszuschließende Schadensereignis, dessen geringe Wahrscheinlichkeit nicht erfaßt werden kann. Vergleichbare Risiken, etwa der Einschlag eines großen Meteoriten auf der Erde, werden als unvermeidbar akzeptiert, das Kernenergierisiko aber als von Menschen verursacht abgelehnt.

Derartige, auf Ängsten beruhende Fehleinschätzungen sind wohl nicht ganz zu beseitigen. Sie können allenfalls gemildert werden durch Vertrauen in umfassende Sicherheitssysteme bei der Kerntechnik, wie sie bereits erläutert worden sind.

Ein wesentlicher Punkt sind neben den Unfallrisiken der Kernenergie noch die Abgaben radioaktiver Strahlung beim Betrieb von Kernkraftwerken. Das Leben auf der Erde bis zum heutigen Zeitpunkt hat sich parallel zu einer natürlichen Strahlungsintensität entwickelt, die stetig abgenommen hat und weiter abnimmt. Sie war also in früheren Zeiten wesentlich stärker und hatte entsprechende Wirkung. Die Vorschriften über die zulässigen Emissionen an Radioaktivität in die Umwelt orientieren sich an den natürlichen Verhältnissen. Sie lassen nur eine Erhöhung des Strahlungspegels in der Größenordnung von 20 Prozent zu. Tatsächlich ist der durch Emissionen aus Kernkraftwerken hervorgerufene Strahlungspegel aber noch wesentlich niedriger, d. h. weniger als 1 Prozent der natürlichen Strahlung.

Über die Wirkung geringer Strahlendosen gibt es Untersuchungen mit sehr unterschiedlichen Schlußfolgerungen. Die eine Version lautet, auch noch so geringe zusätzliche Belastungen durch ionisierende Strahlen hätten eine, meist unterschätzte, Wirkung. Die andere Version behauptet nahezu das Gegenteil. Danach benötige der lebende Organismus zur Aktiverhaltung seines Reparatur-Instrumentariums die stimulierende Wirkung von Strahlung geringer Intensität. Plausibel erscheint, daß eine Zusatzbelastung, die gering ist gegenüber der natürlichen Belastung, in ihrer Auswirkung nicht allzu groß sein kann.

Risiken für Leben und Gesundheit sind jedoch nur eine Ebene der Risikobetrachtung. Hinzu kommen die politischen Risiken, die ein Staat eingeht, wenn er ohne Not Importabhängigkeiten in Kauf nimmt. Die Zwänge, denen die Bundesrepublik 1973 aufgrund ihrer hohen Abhängigkeit vom OPEC-Öl unterlag, zeigen die Tragweite derartiger politischer Risiken auf.

Risiken und Chancen dürfen nicht nur statisch betrachtet werden. Die Grundsätze der Ethik verpflichten dazu, unsere Entscheidungen im Hinblick darauf zu prüfen, welche Folgen sie für den Rest der Menschheit, insbesondere die Entwicklungsländer, und für künftige Generationen haben werden.

Unbestritten ist, daß ein Verzicht auf Kernenergie die Ressourcenbasis der Welt schmälert und den Ländern der Dritten Welt die Energieversorgung erschwert. Dies gilt um so mehr für künftige Generationen. Mit der friedlichen Nutzung der Kernenergie haben wir eine Option, die die Reichweite der fossilen Energieträger verlängert. Hiermit ist jedoch gleichzeitig die Verpflichtung verbunden, daß diejenigen, die heute den Nutzen aus Energiequellen ziehen, auch die Lasten ihrer Entsorgung tragen müssen.

Schlußfolgerungen

ZUSAMMENFASSUNG:
Die friedliche Nutzung der Kernenergie hat der Bundesrepublik zahlreiche Vorteile gebracht. Durch die Nutzung des Rohstoffs Uran konnten fossile Energieträger substituiert werden. Die Energieversorgung allgemein und die Stromerzeugung insbesondere wurden von Importenergien unabhängiger. Der Volkswirtschaft hat die Kernenergienutzung bis heute eine Entlastung von über 40 Mrd. DM gebracht. Der Betrieb der Kernkraftwerke ermöglichte eine deutliche Reduzierung der Emissionen von Kohlekraftwerken und führte zu einer Verbesserung der Luftqualität.

Hauptargument für die Kernenergie und ihren zentralen Nutzen war und ist, daß sie wirtschaftlich und sicher die Deckung der Grundlast in der Stromversorgung garantiert. Die friedliche Nutzung der Kernenergie hat der Bundesrepublik aber darüber hinaus entscheidende Vorteile gebracht:

Verbreiterung des Energieangebotes

Für den Rohstoff Uran gab es vor dem Zeitalter der Kernkraftwerke keine anderweitige nützliche Verwendung, es zeigt sich auch für die Zukunft kein zusätzliches Einsatzgebiet. Durch die Entwicklung der Kerntechnik ist es möglich geworden, den »Abfallstoff Uran« zu nutzen und damit die Ressourcenbasis der Welt nachhaltig zu erweitern, und zwar in einem Umfang, der mindestens dem Potential der Welterdölressourcen entspricht.

Seit Beginn der Kernenergienutzung in der Bundesrepublik sind in der Stromerzeugung über 200 Mio. t SKE an Öl und Erdgas substituiert worden. Hierdurch wird die Reichweite der universellen Rohstoffe Erdöl, Erdgas und Kohle gestreckt und insbesondere das Öl für die Nutzung im Verkehrssektor, in der chemischen Industrie und als leicht handhabbarer Energieträger für die Entwicklungsländer geschont.

Zuwachs an Versorgungssicherheit

Die Ölpreisschübe der siebziger Jahre haben die Gefahren der Importabhängigkeit von Energieträgern deutlich gemacht. Besonders die von Einfuhren abhängige Stromerzeugung auf der Basis von Öl, Kohle und Gas sah sich nach 1973 sehr bald damit konfrontiert, daß auf den Energiemärkten die Anbieter das Geschehen bestimmten und die Energiepreise zunehmend außer Kontrolle gerieten. Den politischen Entscheidungsträgern, aber auch der Öffentlichkeit wurde die Bedeutung des nationalen Zugriffs auf Energieressourcen vor Augen geführt.
Durch konsequente Umstrukturierung des Kraftwerkparks und insbesondere durch den Ausbau der Kernenergie ist es der Elektrizitätswirtschaft in der Bundesrepublik nach 1973 gelungen, weitgehend importunabhängig zu werden. Neben geringen Mengen an Kohle muß zwar noch das Uran eingeführt werden, jedoch sind die Uranlagerstätten auf zahlreiche, politisch überwiegend stabile Länder verteilt. Zudem erleichtert der hohe Energiegehalt des Urans eine kompakte und kostengünstige Einlagerung von Vorräten.
Der Produktionswert in der Stromerzeugung aus Kernenergie entsteht zu etwa 90 Prozent im Inland und sichert damit zugleich heimische Arbeitsplätze. Die im Inland eingelagerten Uranvorräte haben eine relativ große Reichweite. Aus diesen Gründen kann die Kernenergie durchaus wie ein heimischer Energieträger bewertet werden.

Wirtschaftlichkeit der Kernenergie

Obwohl sich in den siebziger Jahren durch Weiterentwicklung der Reaktorsicherheit und aufgrund verzögerter Bauzeiten die Kernkraftwerke stark verteuert haben, produzieren sie immer noch billiger Strom als Kraftwerke, die mit Heizöl oder deutscher Steinkohle betrieben werden. Im Vergleich zur heimischen Steinkohle hat die Kernenergie in der Grundlast einen Kostenvorteil von 3,5 bis 4,5 Pf/kWh. In dieser Rechnung sind die Kosten des Brennstoffkreislaufs einschließlich der Rückstellungen für die Entsorgung berücksichtigt.
Mit den Kosteneinsparungen durch die Kernenergienutzung wurden die Aufwendungen des Staates und der Forschungsinstitute für die Entwicklung der friedlichen Nutzung der Kernenergie von insgesamt rund 25 Mrd. DM bereits wieder erwirtschaftet, denn die Volkswirtschaft hat bis heute eine Entlastung von über 40 Mrd. DM erhalten.
Für die Kohlepolitik der deutschen Energiewirtschaft war es von großer Bedeutung, daß mit dem preiswerten Kernenergiestrom der notwendige finanzielle Spielraum geschaffen wurde, um deutsche Steinkohle verstromen zu können und die Nachrüstungen für die Rauchgasreinigung zu finanzieren. Durch die Kernenergie erhielten außerdem revierferne Länder wie Schleswig-Holstein oder Bayern Zugang zu preiswerter Stromerzeugung; Standortnachteile für industrielle Ansiedelungen wurden reduziert. Die Kernenergieanteile der Bundesländer an der öffentlichen Stromerzeugung betrugen 1988 87 Prozent in Schleswig-Holstein, 68 Prozent in Niedersachsen, 64 Prozent in Bayern und Hessen, 58 Prozent in Rheinland-Pfalz, 49 Prozent in Baden-Württemberg, dagegen 5 Prozent in Nordrhein-Westfalen und 0 Prozent im Saarland und in Berlin.

Entlastung der Umwelt

Hätte man in der Bundesrepublik von vornherein auf Kernenergie verzichtet, wären Kohlekraftwerke die ein-

zige Alternative gewesen. Selbst wenn diese mit modernen Rauchgasreinigungsanlagen ausgerüstet wären, würden derzeit pro Jahr um rund 200 000 t Schwefeldioxid, 100 000 t Stickstoffoxide, 25 000 t Staub und 160 Mio. t CO_2 zusätzlich emittiert. Nach dem Kernenergieausbau lassen sich in einigen Regionen der Bundesrepublik erhebliche Verringerungen der Emissionen feststellen. Zwar waren und sind es Zwänge der Energiebedarfsdekkung, der Reduzierung der Ölabhängigkeit und der Preisgestaltung des Stroms, die die Einführung der Kernenergie stimuliert haben. Nicht nur ein Nebeneffekt ist jedoch, daß durch die Kernenergienutzung eine wesentliche Verbesserung der Luftqualität erzielt wurde.
Die aus dem Betrieb der Kernkraftwerke resultierenden Strahlenexpositionen liegen innerhalb der Schwankungsbreiten der natürlichen Strahlung und weit unterhalb der durchschnittlichen mittleren natürlichen Strahlenbelastung für die Bundesrepublik.

Perspektiven der Kernenergie

Die zukünftige Entwicklung der Kernenergie wird maßgeblich von Umfang und Struktur des globalen Bedarfs nach Elektrizität, von der Energiepreisentwicklung und von der Verfügbarkeit von Kapital geprägt werden. Zunehmend dürften die Restriktionen Gewicht erlangen, die angesichts der Umwelt- und Klimarisiken die Verbrennung fossiler Energieträger begrenzen werden. Hier kann die Kernenergie Kohle und Öl ersetzen.

Entscheidende Voraussetzung hierfür ist, daß die Kernkraftwerke sicher und unfallfrei arbeiten und dadurch verlorengegangene Akzeptanz der Kernenergie zurückgewonnen werden kann.

Die meisten westlichen Industrieländer verzeichnen derzeit hohe Stromerzeugungskapazitäten und niedrige Stromzuwachsraten. In den Ostblockstaaten und in den Schwellenländern besteht dagegen sehr hoher Strombedarf bei unzureichenden Kraftwerkskapazitäten. Für die Stromversorgung der wenig industrialisierten Entwicklungsländer dürfte die Kernenergie auf absehbare Zeit eine sehr untergeordnete Rolle spielen.

Beim Zubau neuer Kernkraftwerke steht die Industrie weltweit vor einer Zeitspanne sehr schwacher Nachfrage. Wachstumsaussichten durch die Erschließung neuer Marktfelder hat die Kernenergie hauptsächlich dann, wenn es gelingt, wirtschaftliche Reaktoren zur Prozeß- und Fernwärmeerzeugung anzubieten. Den bisher unvermeidlich hohen Kapitalbedarf bei der Errichtung gängiger Anlagengrößen könnte man durch Übergang auf kleinere Leistungseinheiten reduzieren. In der Bundesrepublik, den USA, Schweden, Schweiz und anderen Ländern wird an kleineren Reaktorkonzepten gearbeitet. Bei der Entwicklung von Hochtemperaturreaktoren ist die Bundesrepublik weltweit führend, was nicht zuletzt durch das Interesse der Sowjetunion und Chinas am deutschen Hochtemperaturreaktor unterstrichen wurde.

Bei den derzeitigen Tiefstpreisen am Weltkohlemarkt ist es für die Kernenergie schwierig, im Bereich unter 1000 MW gegen Weltmarktkohle wirtschaftlich konkurrenzfähig zu sein. Große Leichtwasserreaktoren werden daher noch auf absehbare Zeit die »Arbeitspferde« der nuklearen Stromerzeugung bleiben.
Es wird noch lange dauern, bis neue Energiesysteme soweit wirksam werden, daß sie wesentliche Versorgungsanteile auf sich ziehen können. Das Ziel der Rückkehr zu einer ausbalancierten Sonnenenergienutzung ist fast unerreichbar. Angesichts der dramatischen Bevölkerungsentwicklung und der Klimarisiken drängt die Zeit sehr. Ein Verzicht auf Kernenergienutzung weltweit erscheint deshalb geradezu illusionär. Für eine Industrienation wie die der Bundesrepublik Deutschland bleibt daher realistisch gesehen nur die systematische Weiterentwicklung aller Energietechniken unter Einschluß der Kernenergie.

Glossar

Albedo
Rückstrahlungsvermögen von nicht selbstleuchtenden, diffus reflektierenden (also nicht spiegelnden) Oberflächen. Albedo verschiedener Oberflächen für die gesamte Sonnenstrahlung bei diffuser Reflexion:
- Neuschneedecke 75–95 Prozent
- geschlossene Wolkendecke 60–90 Prozent
- Sandboden 15–40 Prozent
- Wiesen und Felder 12–30 Prozent
- Wälder 5–20 Prozent

Brutreaktor
Brutreaktoren erzeugen mehr Spaltstoff, als sie verbrauchen. Die Erzeugung neuen Spaltstoffs erfolgt durch Neutroneneinfang in nicht spaltbaren Atomkernen und der daraus resultierenden Umwandlung in neue spaltbare Kerne. Die Kernspaltung erfolgt im Interesse des Bruteffekts praktisch ausschließlich mit schnellen Neutronen. Da diese möglichst wenig abgebremst werden sollen, scheidet Wasser wegen seiner Bremswirkung als Kühlmittel aus. In Frage kommen Gas, Wasserdampf oder flüssiges Metall. Alle Länder, die Schnelle Brüter entwickeln, haben sich aus technischen Gründen für das Flüssigmetall Natrium entschieden.
Der Schnelle Brüter kann das Uran bis zu 60mal besser ausnutzen als die heutigen Leichtwasserreaktoren. Deshalb können Brüter die Energieversorgung langfristig entscheidend verbessern.
Die Bundesrepublik hat in Kalkar am Niederrhein das Prototyp-Brüter-Kraftwerk SNR 300 gebaut. Die Anlage ist betriebsbereit, sie hat im wesentlichen wegen des politischen Streits um die Kernenergie noch keine Betriebsgenehmigung erhalten.

COMECON
Council for Mutual Economic Assistance, Rat für gegenseitige Wirtschaftshilfe (RGW). Gegründet 1949, Sitz: Moskau. Integration Ost- und Ostmitteleuropas mit dem Ziel der wirtschaftlichen Plankoordinierung, der Spezialisierung und Kooperation bei der Produktion sowie der Angleichung des wirtschaftlichen Entwicklungsniveaus der Mitgliedsländer. Diese sind: UdSSR, DDR, Polen, Tschechoslowakei, Ungarn, Bulgarien, Mongolische Volksrepublik, Kuba, Nordvietnam, Nordkorea, assoziiert ist Jugoslawien.

Emissionen/Immissionen
Mit Emissionen wird das Ausströmen von luftverunreinigenden Stoffen (Gase, Dämpfe, Staub, Rauch, Ruß, radioaktive Substanzen), aber auch von Lärm und Erschütterungen aus Industrieanlagen bezeichnet. Unter

Immissionen versteht man die Einwirkungen von Emissionen auf die Umwelt (d. h. Menschen, Tiere, Pflanzen). Das Bundesimmissionsschutzgesetz (1. 4. 1974) schafft die rechtlichen Grundlagen zum Schutz vor Emissionen, ergänzt mit entsprechenden Bestimmungen der Länder. Grundsatz dabei ist, daß im Einwirkungsbereich der Industrieanlagen keine schädlichen Wirkungen eintreten dürfen. Die Höhe der zulässigen Immissionsbelastungen ist in den Technischen Anleitungen zur Reinhaltung der Luft und gegen Lärm (TA Luft und TA Lärm) festgelegt. Die TAs gelten für alle Feuerungsanlagen. Die Grenzwerte für die Immissionen von Kernkraftwerken sind zusätzlich durch das Atomgesetz und seine nachgeordneten Verordnungen geregelt.

traditionelle Energieträger
Holz, Stroh, Dung, Jauche, zucker- und stärkehaltige Pflanzen u. a., allesamt Energieträger, die in der Dritten Welt seit langem genutzt werden und lange Zeit überwiegend kostenlos zur Verfügung standen, dementsprechend auch als nicht-kommerzielle Energieträger bezeichnet werden. Davon zu unterscheiden sind die kommerziellen Energieträger Erdöl, Erdgas, Kohle und Uran u. a., die planmäßig produziert und gehandelt werden.

Exploration
Aufsuchung und Erforschung von Lagerstätten

Gas-/Dampfturbinenkraftwerke
Moderner Kohlekraftwerkstyp mit höheren Wirkungsgraden (bis zu 25 Prozent bessere Brennstoffausnutzung im Vergleich zur heutigen Technik) und deutlich geringeren Umweltbelastungen (auch ohne zusätzliche Entschwefelungs- und Entstikkungsanlagen können die Grenzwerte der GFAVO erfüllt werden). In Nordrhein-Westfalen wurde in verschiedenen Anlagen die großtechnische Anwendbarkeit erfolgreich demonstriert.

Glaskokille
In der Kerntechnik Bezeichnung für den Glasblock – einschließlich seiner gasdicht verschweißten Metallumhüllung aus korrosionsbeständigem Stahl – des verglasten hochaktiven Abfalls.

Großfeuerungsanlagen-Verordnung
Am 1. 7. 1983 ist die 13. Verordnung zur Durchführung des Bundes-Immissionsschutzgesetzes, die Verordnung über Großfeuerungsanlagen (GFAVO), in Kraft getreten. Mit ihr wurden sehr weitgehende Anforderungen an die Emissionsbegrenzung von Kraftwerken sowohl bei Anlagengenehmigungen als auch zu ihrer Nachrüstung gestellt. Erfaßt werden Feuerungsanlagen mit mehr als 50 Megawatt Feuerungswärmeleistung (bei Gas entsprechend ab 100 MW).

Grund-, Mittel-, Spitzenlast
Der Stromverbrauch aus dem Leitungsnetz schwankt im Tagesverlauf

(Belastungsverlauf) und demzufolge – weil Strom nicht in großen Mengen gespeichert werden kann – auch die Belastung (die in Anspruch genommene Leistung) der Kraftwerke. Es wäre unwirtschaftlich, jedes Kraftwerk mit seiner Leistung dem Belastungsverlauf unmittelbar folgen zu lassen. Statt dessen werden Kraftwerke von vorneherein dafür ausgelegt, nur zu bestimmten Zeiten – und dann vorteilhafter als andere Kraftwerktypen – Strom zu erzeugen. Man unterscheidet, ohne scharfe Grenzen, im Belastungsverlauf Grund-, Mittel- und Spitzenlast.
Als Grundlast wird die während der 24 Stunden des Tages annähernd gleichbleibende Belastung bezeichnet. Grundlastkraftwerke sind demnach rund um die Uhr in Betrieb. Den Stillstand infolge Revision eingerechnet, kommen sie auf wenigstens 5 000 Betriebsstunden im Jahr (das Jahr hat 8 760 Stunden). Angesichts der hohen Benutzungsdauer müssen die Brennstoffkosten möglichst niedrig sein; sie sind – abgesehen von Laufwasserkraftwerken – bei Braunkohle- und Kernkraftwerken am geringsten. Diese drei Kraftwerktypen haben im Grundlastbereich den niedrigsten Stromgestehungspreis (obschon die Investitionen bei Laufwasser- und Kernkraftwerken hoch sind). Steinkohlekraftwerke werden überwiegend im Mittellastbereich eingesetzt. Typische Spitzenlastkraftwerke sind Gasturbinen und Pumpspeicherkraftwerke.

Halbwertszeit
s. unter Radioaktivität

Hochtemperaturreaktor
Mit Graphit moderierter Reaktor, dessen Kühlmittel Heliumgas Temperaturen um 1 000 Grad Celsius erreichen kann. Für die Strom- und Prozeßwärmeerzeugung sowie als Heizreaktor vorgesehen. Die Stromerzeugung erfolgt mit hohem Anlagenwirkungsgrad, der bei Kraft-Wärme-Kopplung (Fernwärme, Prozeßwärme) noch erheblich gesteigert werden kann. Ein weiteres Ziel der HTR-Anwendung ist die Nutzung der nuklear erzeugten Wärme für chemische Prozesse, die auf hohem Temperaturniveau ablaufen, insbesondere zur Kohlevergasung. Als aussichtsreiche Technik gilt das deutsche Kugelbett-Konzept (sogenannter Kugelhaufen-Reaktor). Der Reaktorkern besteht aus einer losen Schüttung von kugelförmigen Brennelementen, die von einem zylindrischen Graphitmantel als Neutronenreflektor umschlossen wird.
In der Bundesrepublik Deutschland wurde dieses Konzept bis zur Marktreife entwickelt und wird auf dem Weltmarkt angeboten. Anreiz bietet der HTR nicht nur wegen des hohen Wirkungsgrades und der vielfältigen Einsatzmöglichkeiten, sondern auch aufgrund der inhärenten Sicherheit sowie seiner Brennstoffausnutzung, die höher ist, als jene der Leichtwasserreaktoren.

IAEA
International Atomic Energy Agency, Internationale Atomenergie-Organisation (IAEO). Gegründet 1957, Sitz: Wien. Eigenständige Sonderorganisation der UNO mit dem Zweck, die sog. »Safeguards« nach den Bestimmungen des Kernwaffensperrvertrages weltweit zu überwachen. Darüber hinaus fördert die IAEA die friedliche Nutzung der Kernenergie und arbeitet Schutzvorschriften aus. Ende 1988 gehörten ihr 147 Staaten an, darunter alle Industrieländer sowie China.

IIASA
International Institute for Applied Systems Analysis, Internationales Institut für angewandte Systemanalysen. Gegründet 1972, Sitz: Laxenburg bei Wien. Ziel: Erforschung von Problembereichen, die sich für die Menschheit aus der technischen Entwicklung ergeben haben. Das Institut wird von wissenschaftlichen Organisationen aus Ost und West getragen; insgesamt sind 16 Länder beteiligt.

Kernfusion
Unter Fusion versteht man die Verschmelzung zweier leichter Atomkerne zu einem schweren Kern, wobei Bindungsenergie frei wird. So können zwei Wasserstoffkerne (z. B. der Isotope Deuterium oder Tritium) zu einem Helium-Kern verschmelzen. Bei Umsatz von 1 kg Deuterium wird eine Wärmemenge von rund 24 Millionen kWh frei, das entspricht der Verbrennungswärme von 3 Millionen kg Steinkohle. Sollte die Fusionstechnik einmal wirtschaftlich werden,wäre die Vorratssituation der Energieträger entscheidend verbessert. Die auf der Erde vorhandenen Deuterium-(Schwerwasser) und Lithium-Reserven (für die Erzeugung von Tritium notwendig) sind sehr groß.

Kernwaffensperrvertrag
Auch Nichtverbreitungsvertrag (NV-Vertrag) oder Atomwaffensperrvertrag genannt. Ziel dieses Vertrages über die Nichtverbreitung von Kernwaffen und der daraus resultierenden Kernmaterialüberwachung ist die rechtzeitige Entdeckung der Abzweigung von Kernmaterial für die Herstellung von Kernwaffen bzw. die Abschreckung vor einer solchen Abzweigung durch das Risiko der Entdeckung. Die entsprechenden Überwachungen werden in der Bundesrepublik von EURATOM und der IAEO durchgeführt.

Kohleveredlung
Vergasung und Verflüssigung von Kohle

Konditionierung
Vorbereitung radioaktiver Abfälle für die Zwischen- oder Endlagerung

Kontamination
Unerwünschte Verunreinigung von Arbeitsflächen, Geräten, Räumen, Wasser, Luft usw., beispielsweise durch radioaktive Stoffe

indirekte/soziale Kosten
Alle direkten und indirekten Verluste, die Dritte oder die Allgemeinheit als Folge einer uneingeschränkten wirtschaftlichen Tätigkeit zu tragen haben.

Kraft-Wärme-Kopplung
Dampfkraftwerke mit Kraft-Wärme-Kopplung werden als Heizkraftwerke bezeichnet. Dampf wird aus der Turbine zu einem Wärmetauscher abgezweigt, wo er das Wasser eines Fernwärmenetzes erhitzt. Da dieser Dampf nunmehr zum Antrieb des Turbogenerators fehlt, geht die Stromerzeugung zurück. Dafür erhöht sich aber der Gesamtwirkungsgrad, weil die mit der Kraftwerkkühlung abgeführte Abwärme – deren Nutzung nichts mit der Kraft-Wärme-Kopplung zu tun hat – stärker vermindert ist, als es der Strom-Produktionseinbuße entspräche.

Leichtwasserreaktor
Sammelbezeichnung für alle H_2O-moderierten und -gekühlten Reaktoren; Siedewasserreaktor, Druckwasserreaktor (H_2O = »leichtes« Wasser, im Gegensatz zu D_2O = »schweres« Wasser). Im Leichtwasserreaktor wird Wärme durch die kontrollierte Kernspaltung erzeugt. Der aus Brenn- und Steuerelementen bestehende Reaktorkern ist von einem wassergefüllten stählernen Druckbehälter umschlossen. Die bei der Spaltung entstehende Wärme geht an das Wasser über. Im Siedewasserreaktor verdampft das Wasser im Druckbehälter, im Druckwasserreaktor im Dampferzeuger eines zweiten Kreislaufes. Die Energie des Dampfes wird in Drehbewegungen der Turbine umgewandelt, an die ein Generator zur Erzeugung der elektrischen Energie gekoppelt ist. Nach Durchströmen der Turbine kondensiert der Dampf im Kondensator zu Wasser, das wieder dem Druckbehälter bzw. Dampferzeuger zugeführt wird. Das zur Kühlung des Kondensators nötige Wasser wird einem Fluß entnommen und am Ende des Kreislaufs erwärmt in den Fluß zurückgeleitet, oder es gibt seine Wärme über einen Kühlturm an die Atmosphäre ab.

Megawatt (MW)
Megawatt ist das Millionenfache der Leistungseinheit Watt (W). 1 MW = 1 000 kW = 1 000 000 W. MWe und kWe geben die elektrische Leistung eines Kraftwerkes an.

OECD
Organization for Economic Cooperation and Development, Organisation für wirtschaftliche Zusammenarbeit und Entwicklung. Gegründet 1961, Sitz: Paris. Ziele: Planung, Koordinierung und Vertiefung der wirtschaftlichen Zusammenarbeit und Entwicklung, weiterhin Förderung des Wirtschaftsausbaus bei Vollbeschäftigung und Währungsstabilität sowie Hilfen für Entwicklungsländer. Die OECD ist heute de facto die Spitzenorganisation der westlichen Industrieländer. Zu den 24 Mitgliedsländern gehören alle nichtkommunisti-

schen europäischen Staaten sowie USA, Kanada, Japan, Neuseeland, Australien, assoziiert ist Jugoslawien.

OPEC-Länder
Organization of Petroleum Exporting Countries, Organisation Erdöl exportierender Länder. Gegründet 1960, Sitz: Wien, Kuwait. Bis 1973 Schutzorganisation für die wirtschaftliche Entwicklung der OPEC-Mitgliedsländer. Ab 1973 Erzeugerkartell, das bis 1986 wesentlich die Ölpreise diktiert hat. Mitgliedsländer: Irak, Iran, Kuwait, Saudi-Arabien, Venezuela, Katar, Indonesien, Libyen, Algerien, Nigeria, Ecuador, Vereinigte Arabische Emirate, Gabun.

Ozonloch
Die Ozonschicht in der oberen Erdatmosphäre schützt das Leben auf der Erde vor zu starker ultravioletter Strahlung der Sonne. Dieser Schutzschirm scheint bedroht, da seit einigen Jahren eine Abnahme des Ozongehaltes festgestellt worden ist. Die Ozonabnahme ist regional unterschiedlich, am Äquator relativ gering, zu den Polen ansteigend. Messungen über der Antarktis haben ergeben, daß seit 1976 jeweils im September und Oktober die Ozonmenge dort stark abnimmt (sog. antarktisches Ozonloch). Nach den heute vorliegenden Erkenntnissen trägt besonders die Verwendung von Fluor-Chlor-Kohlenwasserstoffen (FCKW) dazu bei, den Ozonabbau wesentlich zu beschleunigen. FCKW finden bei Schaumstoffen, Kühl- und Lösungsmitteln sowie industriellen Fertigungsverfahren Verwendung. Die Suche nach umweltfreundlichen Alternativen zu den FCKW hat erste Erfolge zu verzeichnen.

Plutonium
Radioaktives Element, das in Reaktoren mit Uranbrennstoff entsteht. Verwendbar sowohl als Kernbrennstoff wie auch zum Bau von Kernwaffen – daher ist Plutonium Gegenstand der Spaltstoffflußkontrolle. Plutonium ist ein radiotoxischer Stoff; seine Chemotoxizität als Schwermetall ist im Vergleich zur Radiotoxizität vernachlässigbar. Die starke radiotoxische Wirkung des Plutoniums kommt besonders bei der Inhalation feinster Plutonium-Aerosole zum Tragen.

Proliferation
Weitergabe von Spaltstoffen und Kernbrennstoffen für den Bau von Kernwaffen

PUREX-Prozeß
Verfahren zur Wiederaufarbeitung abgebrannten Kernbrennstoffes zur Trennung von Uran und Plutonium von den Spaltprodukten und voneinander. Nach Auflösen des bestrahlten Brennstoffes in Salpetersäure werden durch organische Lösungsmittelextraktion – als organisches Lösungsmittel dient 30prozentiges Tributylphosphat (TBP) in Kerosin – Uran und Plutonium in der

organischen Phase gehalten, während die Spaltprodukte in der wäßrigen, salpetersauren Phase verbleiben. Weitere Verfahrensschritte erlauben anschließend das Trennen von Uran und Plutonium voneinander.

Radioaktivität
Eigenschaft bestimmter Stoffe, sich ohne äußere Einwirkung umzuwandeln und dabei eine charakteristische Strahlung auszusenden. Die Radioaktivität wurde 1896 von Becquerel am Uran entdeckt. Wenn die Stoffe – genauer gesagt, die Radionuklide – in der Natur vorkommen, spricht man von natürlicher Radioaktivität; sind sie ein Produkt von Kernumwandlungen in Kernreaktoren oder Beschleunigern, so spricht man von künstlicher Radioaktivität. Rund 2 200 Radionuklide sind heute bekannt. Kennzeichnend für jedes Radionuklid ist seine Halbwertszeit, das ist die Zeit, in der sich in einer vorgegebenen Menge die Hälfte der Atomkerne umwandelt. Es sind Halbwertszeiten von mehreren Milliarden Jahren (Uran-238) bis zu millionstel Sekunden (Po-212) bekannt. Charakteristisch ist auch die beim Zerfall emittierte Strahlung und ihre Energie; so zerfällt Radium-226 unter Aussendung von Alphastrahlen, während Iod-131 Betastrahlen emittiert.

Radionuklid
s. unter Radioaktivität

Radium
Radioaktives Element mit der Kernladungszahl 88, kommt in der Natur zusammen mit Uran vor, das über eine Reihe von Alpha- und Beta-Emissionen in Radium zerfällt.

Steinkohleeinheit
Orientiert am Energieinhalt der Kohle ist in der Energiewirtschaft als Maßgröße die Steinkohleeinheit (SKE) gebräuchlich: 1 kg SKE entspricht einem Heizwert von 29,3 Mega-Joule (= 29,3 MJ), das sind 7 000 kcal. Zum Vergleich: Das Energieäquivalent von 1 kg Natururan entspricht 14 000 kg Steinkohle. Oder anders ausgedrückt: Aus 1 kg Steinkohle lassen sich ca. 8 kWh Strom gewinnen, 1 kg Natururan ermöglicht die Erzeugung von ca. 45 000 kWh Strom.

Strahlenexposition
Die Einwirkung ionisierender Strahlen auf den menschlichen Körper wird als Strahlenexposition bezeichnet. Es wird unterschieden zwischen der natürlichen und der künstlichen oder zivilisationsbedingten Strahlenexposition. Die natürliche Strahlenexposition setzt sich aus folgenden Anteilen zusammen:
- der kosmischen Strahlung aus dem Weltraum,
- der terrestrischen Strahlung aus den überall im Erdmantel vorhandenen radioaktiven Stoffen wie Uran, Thorium und Kalium sowie der Strahlung aus den Baumateria-

- lien der Häuser (Sand, Stein, Beton) und
- der Strahlung aus natürlich radioaktiven Stoffen, die teils in fester Form mit der Nahrung oder gasförmig durch die Atmung in den menschlichen Organismus gelangen.

Den Hauptanteil der künstlichen Strahlenexposition bewirkt die Anwendung ionisierender Strahlen in der Medizin, insbesondere in der Röntgendiagnostik. Weitere Anteile ergeben sich z. B. aus

- der industriellen Strahlen- und Isotopenanwendung,
- dem Flugverkehr,
- den Emissionen kerntechnischer Anlagen.

Die Strahlenexposition wird als effektive Äquivalentdosis angegeben, die ein Maß für die biologische Wirkung ionisierender Strahlung auf den Menschen darstellt. In der Bundesrepublik Deutschland beträgt die natürliche Strahlenexposition für die meisten Einwohner 1,5 bis 4 Millisievert pro Jahr (mSv/a) mit einem Mittelwert von 2,2 mSv/a. Die künstliche Strahlenexposition der Bevölkerung liegt bei 1,5 mSv/a, wobei der größte Anteil auf die Röntgendiagnostik entfällt. Die mittlere Bevölkerungsdosis durch die friedliche Nutzung der Kernenergie beträgt weniger als 0,01 mSv/a.

Die gesamte durchschnittliche Strahlenexposition pro Kopf der Bevölkerung beläuft sich also auf rund 3,7 mSv/a.

Technikfolgenabschätzung
Versuch, die möglichen Auswirkungen einer bestimmten Technik auf Umwelt, Wirtschaft und Gesellschaft zu erkennen, um nachteilige Folgen vermeiden zu können.

Thorium
Natürliches radioaktives Element, dessen Isotop Thorium-232 im Hochtemperaturreaktor in Spaltstoff Uran-233 umgewandelt werden kann. Die globalen Thoriumvorräte sind größer als die des Urans, als Kernbrennstoff ist Thorium vorerst aber ohne große Bedeutung.

Transurane
Chemische Elemente im Periodensystem, deren Kernladungszahl größer als die des Urans (92) ist. Mit Ausnahme des in sehr geringen Mengen Anfang der siebziger Jahre entdeckten natürlichen Plutonium-Isotopes Pu-244 (Halbwertszeit rund 80 Millionen Jahre) müssen alle Transuranelemente künstlich hergestellt werden.

UNO
United Nations Organization, Organisation der Vereinten Nationen. Gegründet 1945, Sitz: New York. Ziel: Erhaltung des Friedens durch Ächtung des Krieges, Abrüstung sowie Garantie der persönlichen Freiheit und der Menschenrechte. Ende 1988 gehörten der UNO 159 Länder an.

WEC
World Energy Conference, Welt-

energiekonferenz. Die WEC gilt heute fachlich, regional und politisch gesehen als repräsentative Plattform für die Diskussion aktueller, insbesondere langfristiger Fragen der Energietechnik, -wirtschaft und -politik. Derzeit 79 Mitgliedsländer. Die WEC tagt alle drei Jahre.

Literaturverzeichnis

Kapitel
Energie als Lebensgrundlage

Fischer, B.:
Leitungsgebundene Energieträger, in: et 11/86, S. 877 ff.

Müller, W.:
Des Feuers Macht, Düsseldorf 1987, S. 17 ff.

Penczynski, P.:
Energie – Voraussetzung für wirtschaftliche und soziale Entwicklung, in: eta 1/80, S. A 23 ff.

Schaefer, H.:
Die Energieversorgung der Zukunft, Manuskript zum Vortrag auf einem gesellschaftspolitischen Seminar der Siemens AG, München 1987, S. 2.

Stürmer, M.:
Energie im Wandel, Vortrag bei der Bayerischen Landesbank am 05. 02. 1988, Manuskript, S. 2 ff.

Kapitel
Elektrische Energie als sozialer Faktor

Czakainski, M.:
Zur Energieversorgungslage der Entwicklungsländer, in: ZfE 2/83, S. 126.

ders.:
Zur Energieversorgungslage in den COMECON-Ländern, in: Osteuropa 6/84, S. 440 ff.

Fischer, B.:
a.a.O., S. 878.

Fischer, W., Häckel, E.:
Internationale Energieversorgung und politische Zukunftssicherung, Studie der KFA Jülich und des Forschungsinstituts der Deutschen Gesellschaft für Auswärtige Politik München 1987, S. 13 f.

Klätte, G.:
Die Elektrizitätswirtschaft in den 80er und 90er Jahren, Sonderdruck aus Jahrbuch Bergbau 85/86, Essen 1985, S. 44 ff.

Müller, W.:
Wirtschaftsfaktor Strom, in: et 4/87, S. 343 ff.

RWE AG, Abt. AT (Hrsg.):
Erzeugung der elektrischen Energie, Heidelberg 1983, S. 13 ff.

Schiffer, H.-W.:
Energiemarkt '88, in: et 3/89, S. 142 ff.

Steeg, H.:
Internationale Energiepolitik: Über den Tag hinaus. Vortrag beim Bayernwerk AG am 19. 02. 1988 in München, Manuskript S. 9 ff.

VDEW (Hrsg.):
Die öffentliche Elektrizitätsversorgung 1986, Frankfurt 1987.

Kapitel
Globale Energievorräte

Michaelis, H.:
Handbuch der Kernenergie, Düsseldorf/Wien 1986, S. 129 ff.

Kapitel
Energievorräte der Bundesrepublik Deutschland

Michaelis, H.:
Handbuch der Kernenergie, a.a.O., S. 692 ff.
Schiffer, H.-W.:
Energiemarkt '88, in: et 3/89, S. 142 ff.

Kapitel
Globale Energieversorgung

Czakainski, M.:
Zur Energieversorgungslage der Entwicklungsländer, a.a.O., S. 124 ff.
ders.:
Nationale und internationale Aspekte der deutschen Energiepolitik, in: Studienkreis Schule/Wirtschaft NRW (Hrsg.): Energie und Schule, Düsseldorf 1988, S. 45.
ders.:
Die WEC-Aussage, in: Michaelis, H.: Handbuch der Kernenergie, a.a.O., S. 150 ff.
Fritz, M.:
»Energietod« – Schicksal einer halben Milliarde Menschen, in: Umschau Nr. 14/15/1984, S. 450 ff.
Michaelis, H.:
Handbuch der Kernenergie, a.a.O., S. 300 ff.

Kapitel
Energieversorgung der Bundesrepublik Deutschland

Michaelis, H.:
Handbuch der Kernenergie, a.a.O., S. 692 ff.
Schiffer, H.-W.:
Energiemarkt '88, in: et 3/89, S. 142 ff.

Kapitel
Bestimmungsfaktoren des zukünftigen Weltenergiebedarfs

Czakainski, M.:
Zur Energieversorgungslage der Entwicklungsländer, a.a.O., S. 126 ff.
ders.:
Die WEC-Aussage, in: Michaelis, H. (Hrsg.): Handbuch der Kernenergie, a.a.O., S. 150.

Kapitel
Umweltbelastungen durch Energienutzung

Markl, H. (Hrsg.):
Natur und Geschichte, München, Wien 1983, S. 7 f.

Kapitel
Luftqualität

Czakainski, M.:
Halbzeit der Probleme, in: et 7/87, S. 549.
Schürmann, H.-J.:
Politische Leerformel – Übergangscharakter der Kernenergie offen, in: Handelsblatt vom 25. 03 1988.
Vossebreker, H.:
Risikofaktor Energieversorgung, in: et 2/88, S. 94 ff.

Kapitel
Klimaveränderungen

Deutsche Meteorologische Gesellschaft, Deutsche Physikalische Gesellschaft (Hrsg.):
Warnung vor drohenden weltweiten Klimaänderungen durch den Menschen, Bad Honnef 1987, S. 2 ff.
Heinloth, K.:
Die Spurengas-Klima-Problematik, Manuskript, Bonn 1988, S. 1 ff.

Michaelis, H.:
Energiepolitik und CO_2, in: et 11/88, S. 850 ff.

Kapitel
Möglichkeiten rationeller Energienutzung
Fischer, B.:
»Energiesparen« – Irrlehre oder machbare Realität?, Erlangen 1987, S. 5 ff.
Michaelis, H.:
Handbuch der Kernenergie, a.a.O., S. 344 ff.
Schaefer, H.:
Die Energieversorgung der Zukunft, a.a.O., S. 2 f.
Schürmann, H.-J.:
Trügerische Wende, in: Handelsblatt vom 03. 02. 1988.

Kapitel
Einsatz regenerativer Energieträger
Grawe, J.:
Neue Techniken der Energiegewinnung, Stuttgart 1987, S. 17.
Gries, W.:
Von der Ölpreisentwicklung hängt die Zukunft erneuerbarer Energien ab, in: Blick durch die Wirtschaft vom 08. 04.1988.
Melíß, M.:
Neue Energien, in: Michaelis, H.: Handbuch der Kernenergie, a.a.O., S. 56 ff.
Schaefer, H. (Hrsg.):
Nutzung regenerativer Energiequellen, Düsseldorf 1987, S. 4 ff.

Kapitel
Ungelöste Fragen der Kernfusion
Grawe, J.:
Neue Techniken der Energiegewinnung, a.a.O., S. 87 ff.
Michaelis, H.:
Handbuch der Kernenergie, a.a.O., S. 117 ff.

Kapitel
Nutzung von Wasserstoff
Divisek, J., Martinsen, D.:
Nutzung des Wasserstoffs als Energieträger, in: et 1/87, S. 52 ff.

Kapitel
Kernenergienutzung weltweit
Bethkenhagen, J.:
Kernkraft kommt im RGW erst langsam voran, in: et 10/87, S. 798 ff.
Czakainski, M.:
Kernkraftwirtschaft in der Bundesrepublik Deutschland, in: Michaelis, H.: Handbuch der Kernenergie, a.a.O., S. 392 ff.

Kapitel
Stand der Kernenergienutzung in der Bundesrepublik Deutschland
Czakainski, M.:
Kernkraftwirtschaft in der Bundesrepublik Deutschland, a.a.O., S. 463 ff.

Kapitel
Sicherheit kerntechnischer Anlagen in der Bundesrepublik Deutschland
Bauer, K. G.:
Kernenergie und Sicherheit, Bonn 1984, Reihe Kernthemen, S. 1 ff.

Birkhofer, A.:
Änderung durch Tschernobyl? Sicherheitsbewertung deutscher Kernkraftwerke, in: et 4/87, S. 337.
ders.:
Sicherheit deutscher Kernkraftwerke, in: atw 10/87, S. 474.
Butz, H.-P.:
Sicherheitskonzept von Kernkraftwerken, Vortragsmanuskript November 1986, S. 11 ff.
Kersting, E. J.:
Untersuchungen über Eingriffsmöglichkeiten bei Störfällen mit Ausfall von Sicherheitsfunktionen, in: Gesellschaft für Reaktorsicherheit mbH (Hrsg.): Betriebserfahrungen und Reaktorsicherheit, Dokumentation des 11. GRS-Fachgesprächs, März 1988, S. 91 ff.
Mayinger, F., Birkhofer, A.:
Neue Entwicklungen in der Sicherheitsforschung und Sicherheitstechnik, in: atw 8/9/88, S. 426 ff.
Meyer, D.:
Kernenergie und Umwelt, Reihe Kernthemen, Bonn 1984, S. 1.
Michaelis, H.:
Handbuch der Kernenergie, a.a.O., S. 843 ff.

Kapitel
Entsorgung der Kernkraftwerke

Böhm, H., Krause, H.:
Die Behandlung radioaktiver Abfälle, in: Entsorgung von Kernkraftwerken, a.a.O., S. 66 ff.
Bundesregierung (Hrsg.):
Bericht der Bundesregierung zur Entsorgung der Kernkraftwerke und anderer kerntechnischer Einrichtungen vom 13. Januar 1988, S. 3 ff.
ders.:
Protokoll der Bundestagsdebatte vom 13. Januar 1988.
Heidinger, F.:
Stromversorger nehmen Abfallbehandlung selbst in die Hand, in: Strom der Zeit vom 14. 03. 1988, S. 3 ff.
Hohlefelder, W.:
Das integrierte Entsorgungskonzept der Bundesrepublik Deutschland und die derzeitige Entsorgungssituation, in: Entsorgung von Kernkraftwerken, Düsseldorf/Wien/New York 1987, S. 34 ff.
Spalthoff, H.-J.:
Aktuelle Aspekte der nuklearen Entsorgung, Essen 1988, S. 8 ff.
Straßburg, W.:
Aktuelle Fragen und Stand der nuklearen Entsorgung, Hannover 1988, S. 2 f.

Kapitel
Wiederaufarbeitung ausgedienter Brennelemente

Birkhofer, A.:
Risikoanalysen zu Anlagen des Brennstoffkreislaufs, in: Bayerisches Staatsministerium für Landesentwicklung und Umweltfragen (Hrsg.): Entsorgung von Kernkraftwerken, a.a.O., S. 335 ff.
DWK (Hrsg.):
Sicherheit und Notwendigkeit der deutschen Wiederaufarbeitungsanlage Wackersdorf, Hannover 1987.
Huber, J., Mester, W., Thomas, W.:
Sicherheitsaspekte der Wiederaufarbeitung von Kernbrennstoffen, in:

Gesellschaft für Reaktorsicherheit mbH (Hrsg.): (gleicher Titel), Oktober 1987, S. 3ff.

Kapitel
Endlagerung radioaktiver Abfälle
Kühn, K.:
Endlagerung radioaktiver Abfälle, in: Entsorgung von Kernkraftwerken, a.a.O., S. 79ff.
Röthemeyer, H.:
Endlagerprojekte unter besonderer Berücksichtigung der Abfälle aus der Wiederaufarbeitung, in: Entsorgung von Kernkraftwerken, a.a.O., S. 188ff.

Kapitel
Mißbrauch der zivilen Kernenergienutzung
Czakainski, M.:
Entwicklung, Rahmenbedingungen und Perspektiven der Internationalen Politik gegen eine Verbreitung von Kernwaffen, St. Augustin 1985, S. 18ff.
Locke, G.:
Man nehme . . ., und fertig ist die Bombe, in: FAZ vom 07. 02. 1989, S. 6.
Randl, R.-P.:
Kernmaterialüberwachung, in: Entsorgung von Kernkraftwerken, a.a.O., S. 207ff.
Siemens/KWU (Hrsg.):
Nutzung der Kernenergie für friedliche Zwecke und Nuklearexport, Reihe Argumente Nr. 68/1988, S. 2.

Kapitel
Beurteilungskriterien für Alternativen der Stromerzeugung
Czakainski, M., Körber, H., Perlstein, A.:
Der Beitrag des Meß-, Normen-, Prüf- und Qualitätssicherungswesens zum wirtschaftlichen Wachstum in Entwicklungsländern, Studie des BMZ, Bonn 1986, S. 79ff.

Kapitel
Kosten und Nutzen der Kernenergie im Vergleich
Grawe, J.:
Neue Techniken der Energiegewinnung, a. a. O., S. 159ff.
Schmitt, D.:
Die Wirtschaftlichkeit der Kernenergie. Ist die nukleare Kilowattstunde konkurrenzfähig?, Vortrag auf der Wintertagung des Deutschen Atomforums 1988, Manuskript S. 5ff.

Kapitel
Risiken und Chancen der Kernenergie im Vergleich
Borsch, P., Wagner, H.-J.:
Energie und Umwelt, in: KFA Jülich (Hrsg.): Perspektiven der Kernenergie, Jülich 1984, S. 49ff.
Leipert, Ch.:
Folgekosten des Wirtschaftsprozesses und volkswirtschaftliche Gesamtrechnung, Studie des Wissenschaftszentrums Berlin für Sozialforschung, Berlin 1987, S. 5ff.

Kapitel Schlußfolgerungen
Brüderlin, H.:
VDEW zu Kernenergiestudien, VDEW-Presseerklärung vom 23. 03. 1988.
Krämer, H.:
Die Kernenergiekonzeption der Energieversorgungs-Unternehmen, in: atw 8/9/87, S. 403 ff.
Michaelis, H.:
Handbuch der Kernenergie, a.a.O., S. 996 f.

Register